电气工程、自动化专业规划教材

U0671131

运动控制实验教程

王海梅　编

电子工业出版社
Publishing House of Electronics Industry
北京·BEIJING

内 容 简 介

本书以 Quanser 旋转运动系列实验装置为基础，全面系统地介绍了运动控制系统结构方案及运动控制设计理论与方法。全书分 6 章，第 1 章介绍 Quanser 实时仿真控制系统的软件平台及硬件接口。第 2～6 章针对五种典型的旋转运动实验装置（QUBE-Servo 2 USB 旋转倒立摆、SRV02 旋转伺服基本单元、BB01 球杆系统、旋转柔性尺、旋转柔性关节）编排教程内容，包括实验系统介绍、系统分析与建模、实验准备、实验练习、实验结果。实验内容涵盖对象建模、稳定性分析、速度与位置控制、经典与现代控制算法设计等。附录 A 介绍了 SRV02 旋转伺服基本单元接口功能的实现方法。书中还结合具体实验，针对控制过程中存在的非线性、饱和、噪声等实际工程问题引导学生展开分析研究。

本书可作为自动化、人工智能、机器人等专业"控制工程基础""现代控制理论基础""运动控制系统"等课程及各类创新实践活动的实验指导书，也可作为运动控制技术研究人员的参考书。

图书在版编目（CIP）数据

运动控制实验教程 / 王海梅编. —北京：电子工业出版社，2020.11
ISBN 978-7-121-39763-9

Ⅰ. ①运…　Ⅱ. ①王…　Ⅲ. ①运动控制－控制系统－实验－高等学校－教材　Ⅳ. ①TP24-33

中国版本图书馆 CIP 数据核字（2020）第 195887 号

责任编辑：赵玉山
印　　刷：保定市中画美凯印刷有限公司
装　　订：保定市中画美凯印刷有限公司
出版发行：电子工业出版社
　　　　　北京市海淀区万寿路 173 信箱　邮编：100036
开　　本：787×1092　1/16　印张：9.75　字数：249 千字
版　　次：2020 年 11 月第 1 版
印　　次：2020 年 11 月第 1 次印刷
定　　价：39.00 元

前　言

近年来，伴随着 AI 技术的快速发展，智能控制技术日益渗透到社会生产的方方面面，从高技术领域的航空航天、导航测控、遥感遥测和无人驾驶，到日常生活的手机、家用电器，甚至儿童玩具，都可以看到智能控制应用的影子。作为自动化的一个重要分支，运动控制在机器人、航空航天和数控机床等领域有着广泛的应用。技术发展和工业需求客观上也对高校人才培养提出了更高的要求，为学生提供具有实际工程背景、体现复杂工程问题解决方案，支持设计型、研究创新型实验开展的实践平台是各高校实验室建设的指导思想。

Quanser 公司 1990 年成立于加拿大安大略省，是一家生产智能控制教学、科研设备的企业。经过 30 年的发展，该公司在实时控制系统开发和制造领域处于国际领先地位，用户遍及全球各地。目前全球使用 Quanser 产品的院校超过 3000 所。

Quanser 教学类产品采用工业级零部件制造，具有体积小、结构开放、接口灵活、与 Matlab/Simulink 完全兼容等特色，对高校设计型、研究型实验的开展，创新型人才和卓越工程师的培养具有重要支撑作用。Quanser 产品涵盖面广，涉及直线与旋转运动系列、工业机电驱动系列、自主机器人及自主无人机系列、3 自由度直升机、磁悬浮实验系统等。

面对高校用户对 Quanser 设备使用教程的迫切需求，作者编写了本书，并已获 Quanser（中国）公司授权。本书以五种典型 Quanser 旋转运动实验装置为基础，结合人工智能、机器人、航空航天、工业自动化等领域普遍存在的高速电机控制、平衡控制、柔性关节控制等问题设计实验。实验项目遵循理论分析→系统建模→算法设计→系统仿真→实际系统调试→控制性能分析的思路，力求将抽象的控制概念，如稳定性、可控性、系统收敛速度和抗干扰能力等，通过硬件系统直观地表现出来。

本书由王海梅编，谢蓉华参与了第 5、6 章的编写。

在本书编写过程中，得到了郭毓教授、钱龙军教授、Quanser（中国）公司总经理马凯的指导与帮助，在此表示诚挚的谢意。

对于本书存在的错误和不妥之处，恳请广大读者不吝指正。

王海梅

2020 年 7 月

目　　录

第1章　QUARC软件与硬件接口模块介绍

1.1　QUARC 实时控制软件

QUARC 是加拿大 Quanser 公司基于 Matlab/Simulink 开发的一款功能强大的快速控制原型软件，也是第一个将 Simulink 生成代码运行在个人计算机上的实时软件。QUARC 重新定义了传统的从设计到实现的接口工具集，它直接把 Simulink 设计的控制器生成代码，并在视窗目标上实时运行。QUARC 与 Simulink 的高级图形环境无缝集成，用户可以通过 Simulink 的直观图形界面，系统地了解机电一体化、机器人、控制系统的设计过程，并通过接口实时地与这些系统交互。QUARC 的强大功能使原本复杂的、远程的设备系统开发与控制应用变得非常容易。

QUARC 不仅具有数据采集设备、硬件 I/O 接口的配置功能，还提供了涉及通信、多线程执行、图像和视频处理等多个领域的研究级的模型库及算法库，使研究人员可以通过系统仿真和系统实验来达到算法设计与算法验证的目的。Simulink Library 中增加的 QUARC 目标库如图 1.1 所示。

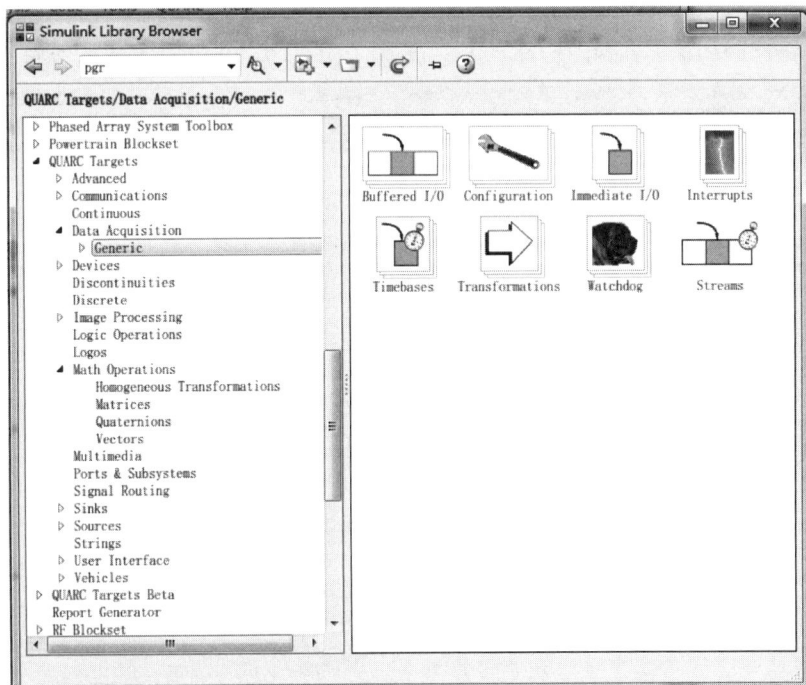

图 1.1　Simulink Library 中的 QUARC 目标库

嵌入 QUARC 的 Matlab/Simulink 模型窗口如图 1.2 所示。图中的 Simulink 模型包含了 QUARC 目标库中的一些功能模块，其中"HIL Initialize"用于选择和配置所使用的数据采集

（Data Acquisition，DAQ）设备，"HIL Write Analog""HIL Read Encoder""HIL Read Analog"为 QUARC 硬件接口 I/O 模块。

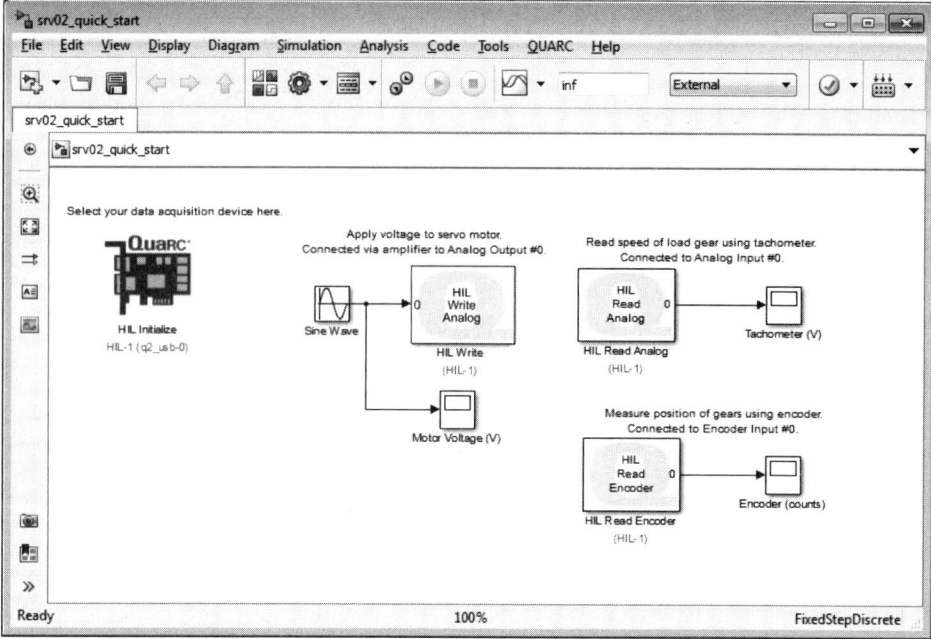

图 1.2 嵌入 QUARC 的 Matlab/Simulink 模型窗口

QUARC 软件的功能菜单如图 1.3 所示，单击菜单项 Bulid 可以生成实时运行代码。

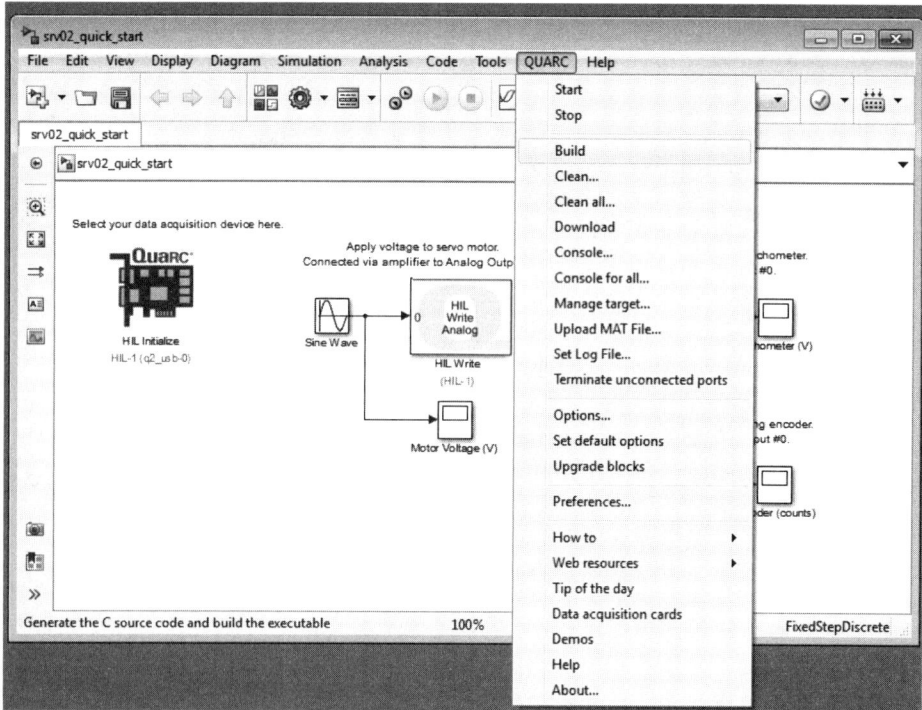

图 1.3 QUARC 功能菜单

QUARC 与 Quanser 硬件平台相结合的实时控制系统结构如图 1.4 所示。系统由被控对象（Quanser 设备）、传感器数据采集板、功率放大器、执行机构和控制软件 QUARC 等组成。

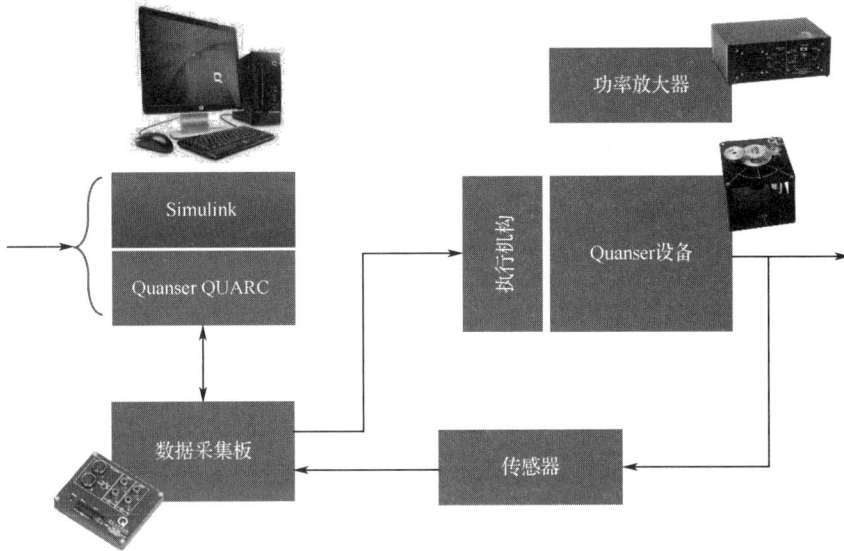

图 1.4 QUARC 与 Quanser 硬件平台相结合的实时控制系统结构

QUARC 与 Quanser 硬件平台相结合不仅可以进行各种算法的研究，也为通信、控制、信号处理等领域的设计、模拟与实现，以及时变系统的测试提供了良好的平台。

QUARC 软件的主要特色包括：

（1）直观的用户界面；

（2）简单灵活的硬件接口；

（3）灵活、与协议无关的通信框架；

（4）支持多线程、多速率及异步模型；

（5）支持多种第三方设备。

使用 QUARC 软件创建 Simulink 模型，并实现 Quanser 设备控制的基本步骤如下：

（1）建立一个 Simulink 模型，使用 QUARC 软件目标库中的功能模块与所连接的数据采集设备进行交互；

（2）编译实时代码；

（3）连接设备；

（4）执行代码。

1.2 数据采集板

1.2.1 设备简介

数据采集板具有多种数据采集功能，它通过 USB 2.0 接口与计算机相连，为信号的测量与控制提供了便利。Quanser 数据采集板有多种型号，如 Q2-USB、Q8-USB，本节将以 Q8-USB 为例进行介绍。Q8-USB 数据采集板上的端口标注如图 1.5 所示，相应标号的端口名称见表 1.1。

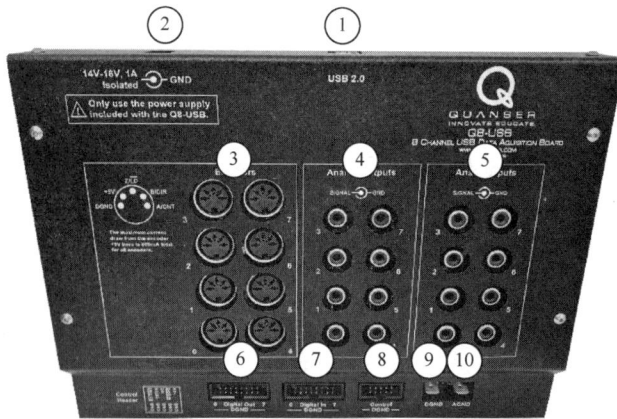

图 1.5　Q8-USB 端口标注

表 1.1　Q8-USB 端口名称

序　　号	端 口 名 称	序　　号	端 口 名 称
1	USB 接口	6	数字量输出端口
2	电源接口	7	数字量输入端口
3	编码器信号输入端口	8	控制端口
4	模拟量输出端口	9	数字地端子
5	模拟量输入端口	10	模拟地端子

1.2.2　主要技术参数

（1）模拟量输入通道

模拟量输入通道技术参数见表 1.2。

（2）模拟量输出通道

模拟量输出通道技术参数见表 1.3。

表 1.2　模拟量输入通道技术参数

参　　数	值
AI 通道数	8
分辨率	16 位
输入电压范围	±10 V
所有 8 个通道的转换时间	4 μs

表 1.3　模拟量输出通道技术参数

参　　数	值
AO 通道数	8
分辨率	16 位
输出电压范围	±10 V
转换速度	3.5 V/μs

■注意：① 模拟量输出通道对静电非常敏感，在操作 Q8-USB 之前，请务必触摸接地金属放电。如果由于静电原因导致输出没有反应，可重启电源再进行操作；

② 模拟量输入、输出的 RCA 端口的中心引脚是信号，外壳接地。

（3）数字量输入通道

数字量输入通道技术参数见表 1.4。

（4）数字量输出通道

数字量输出通道技术参数见表 1.5。

表 1.4　数字量输入通道技术参数

参　　数	值
DI 通道数	8
输入 0：低电平	1.5 V
输入 1：高电平	3.5 V

表 1.5　数字量输出通道技术参数

参　　数	值
DO 通道数	8
输出 0：低电平	0.55 V
输出 1：高电平	4.5 V
每个引脚最大驱动电流	±32 mA
所有引脚的最大总驱动电流	±100 mA

数字输出端口也可以配置为 PWM 输出。

（5）编码器信号输入通道

编码器信号输入通道技术参数见表 1.6。

表 1.6　编码器信号输入通道技术参数

参　　数	值
编码器输入通道数	8
输入低电平	1.5 V
输入高电平	3.5 V
最大 A、B 相正交频率	24.883 MHz
最大 4 倍正交频率	99.532 MHz

（6）控制端口

控制端口提供对看门狗状态的访问、外部中断输入及触发转换，其引脚信号标识如图 1.6 所示，引脚描述见表 1.7。

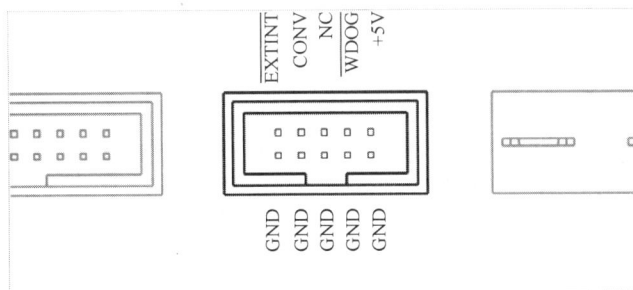

图 1.6　控制端口引脚标识

表 1.7　控制端口引脚描述

信　　号	描　　述
EXTINT	外部中断触发信号
CONV	信号转换触发信号
NC	未使用
WDOG	看门狗超时状态信号
+5 V	5 V 电源，所有编码器的总的驱动电流最大值为 800 mA

1.3 功率放大器

1.3.1 设备简介

Quanser 多通道线性功率放大器（功放）有 VoltPAQ-X2、VoltPAQ-X4 等型号，本节将以 VoltPAQ-X4（如图 1.7 所示）为例进行介绍。

图 1.7 VoltPAQ-X4 实物图

VoltPAQ-X4 的面板组件标注如图 1.8 所示，相应组件的功能描述见表 1.8。

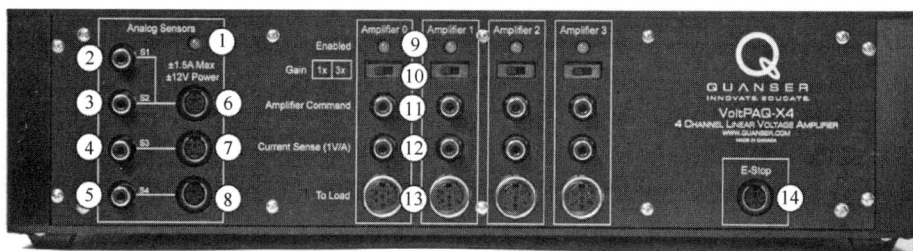

（a）前面板

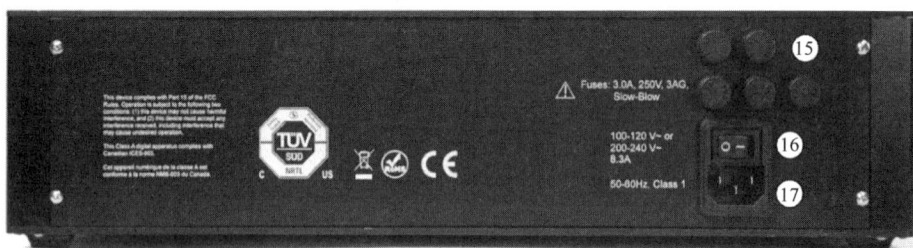

（b）后面板

图 1.8 VoltPAQ-X4 面板组件标注

表 1.8 VoltPAQ-X4 面板组件功能描述

序　　号	组 件 名 称	功 能 描 述	电 气 范 围
1	Power LED	指示 VoltPAQ-X4 是否有电，并且±12 V 模拟传感器是否可用	
2	S1：RCA 接口	输出连接 S1 和 S2 端口的传感器测量电压（S1 端口）	输出±10 V
3	S2：RCA 接口	输出连接 S1 和 S2 端口的传感器测量电压（S2 端口）	输出±10 V
4	S3：RCA 接口	输出连接 S3 端口的传感器测量电压	输出±10 V
5	S4：RCA 接口	输出连接 S4 端口的传感器测量电压	输出±10 V

序 号	组件名称	功能描述	电气范围
6	S1&S2：6-pinminiDIN 接口	该通道可传输最多 2 个外部模拟量传感器的输出，可为相应的传感器提供±12 V 的电源	输入±10 V
7	S3：6-pinminiDIN 接口	该通道可传输 1 个外部模拟量传感器的输出，可为相应的传感器提供±12 V 的电源	输入±10 V
8	S4：6-pinminiDIN 接口	该通道可传输 1 个外部模拟量传感器的输出，可为相应的传感器提供±12 V 的电源	输入±10 V
9	Enabled LED	LED 红色：过热/功率放大器不工作（例如：E-Stop 按下） LED 绿色：功率放大器有电且工作正常	
10	Gain 切换开关	开关拨到左侧，功率放大器增益为 1，拨到右侧增益为 3	
11	Amplifier Command：RCA 接口	这一通道连接来自数据采集板的需要放大的模拟控制电压	输入±10 V
12	Current Sense：RCA 接口	输出由负载拉动的电流	输出±10 V
13	To Load：6-pinDIN 接口	该通道输出放大后的控制信号，输出电压=增益×待放大控制电压	
14	E-Stop：6-pinminiDIN 接口	如果紧急停止开关（E-Stop）未连接，VoltPAQ-X4 默认是启用的。如果紧急开关是连接的，那么 VoltPAQ-X4 的状态取决于 E-Stop 是否按下	
15	熔断器	5 个熔断器（3A）：4 个用于放大回路，1 个用于传感器回路	
16	电源开关		
17	电源接口		

1.3.2 主要技术参数

VoltPAQ-X4 功率放大器的主要技术参数如表 1.9 所示。

表 1.9 VoltPAQ-X4 主要技术参数

参 数	值
质量	5.5 kg
尺寸	0.39 m×0.33 m×0.10 m
功率放大器最小输出	无负载：−23.3 V～+21.8 V 2 A 负载：−22.3 V～+20.8 V 4 A 负载：−21.3 V～+20.3 V
负载连续电流输出	±4 A
功率放大器增益	1 或 3 V/V（增益可调）
电流检测	1 V/A
Amplifier Command 端口电压	±10 V
模拟传感器供电	输出电压：±12 V，输出电流：±1.5 A
额定电压	100～120 V/200～240 V
额定频率	50～60 Hz
额定交流电流	8.3 A

■注意：① 确保所使用的电源插座接地可靠；
② 避免在操作过程中覆盖风扇，以防止功率放大器过热而停止工作。

第 2 章　QUBE-Servo 2 USB 旋转倒立摆

2.1　系统介绍

2.1.1　系统结构

　　QUBE-Servo 2（如图 2.1 所示）是一款紧凑型旋转伺服系统，它通过 USB 接口与计算机相连，可进行各种经典的伺服控制实验和倒立摆实验。

图 2.1　QUBE-Servo 2 实物图

　　图 2.2 为 QUBE-Servo 2 USB 旋转倒立摆控制系统结构图。系统工作原理描述如下：两个编码器分别测量直流电机与摆杆的角度位置，并将测量信号送到数据采集板（DAQ）的编码器输入端（EI #0、EI #1），进而传送给计算机。计算机中控制器计算得到的控制量通过 DAQ 的模拟量输出端（AO）输出，经 PWM 功率放大器放大后驱动直流电机，进而带动惯性圆盘/旋转摆转动。PWM 功率放大器的电流检测信号接入 DAQ 模块的模拟量输入端（AI），此处的电流反馈是为了检测电机是否堵转，如果电机处于停滞状态则关闭功率放大器，以免烧坏电机。DAQ 通过内部串行数据总线控制集成的三色 LED，并通过 USB 接口与外部 PC 或微控制器相连。

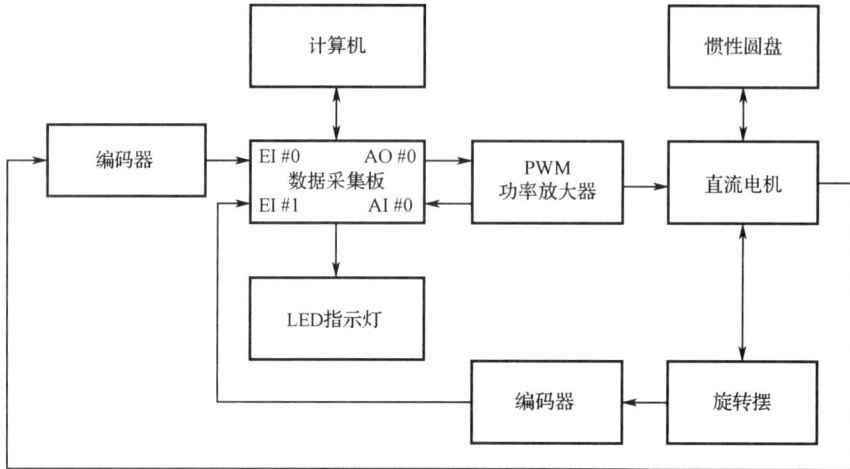

图 2.2　QUBE-Servo 2 控制系统结构图

　　QUBE-Servo 2 基本组件见表 2.1，图 2.3 标注了对应的各个组件。该系统配有两个附加模块：一个惯性圆盘和一个旋转摆。通过 QUBE-Servo 2 模块顶部连接器上的磁铁，附加模块可以很容易地进行安装和更换。使用单端旋转编码器测量直流电机和摆杆的角位置，使用基于软件的综合测速方法还可以测量电机的角速度。

表 2.1　QUBE-Servo 2 基本组件

序　号	组件名称	序　号	组件名称
1	基座	11	旋转臂转轴
2	磁性模块连接器	12	旋转摆磁铁
3	连接器磁铁	13	摆杆转角编码器
4	状态 LED 显示带	14	直流电机
5	摆杆转角编码器信号端口	15	电机转角编码器
6	电源接口	16	数据采集/放大电路板
7	系统电源指示灯	18	USB 接口
8	惯性圆盘	19	接口电源指示灯
9	摆杆	20	内部数据总线
10	旋转臂		

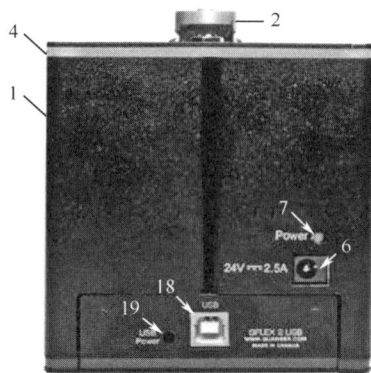

（a）后视图

（b）俯视图

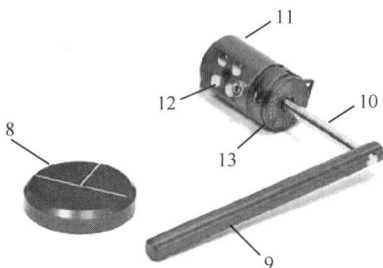

（c）2个附加模块

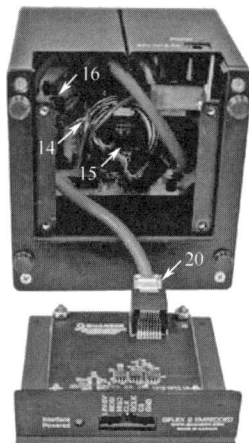

（d）内部结构图

图 2.3　QUBE-Servo 2 组件标注图

2.1.2 主要部件及技术参数

（1）直流电机

QUBE-Servo 2 采用美国 Allied Motion 公司 CL40 系列 16705 型无芯直流电机，该电机为直接驱动电机，额定工作电压为 18 V。

■注意：① 最大电机输入电压为 ±10 V，峰值电流为 2 A，连续电流为 0.5 A；

② 电机是暴露的运动部件；

③ 电机在超过 5 V 的控制电压下长时间处于堵转状态会造成永久性损坏。

（2）编码器

编码器是一种将旋转位移转换成一串数字脉冲信号的旋转式传感器。QUBE-Servo 2 采用 E8P-512-118 型单端增量式光电轴角编码器（如图 2.4 所示）测量直流电机与摆杆的角位置，该编码器具有正交模式下每转 2048 个脉冲的测量精度（每转 512 线）。

图 2.4　E8P-512-118 型单端增量式光电轴角编码器

编码器中心有一个与直流电机同轴的光电码盘，上面沿环形径向刻有通、暗的刻线。当转轴转动时，光源透过码盘交替出现的透光窗口和不透光窗口产生光电脉冲，该脉冲信号被接收器读取。增量式光电轴角编码器输出信号如图 2.5 所示，A、B 两相相差 90°，可通过比较 A 相在前或 B 相在前来判别编码器的正转与反转。码盘每转一圈会产生一个标定脉冲，通过该标定（零位）脉冲，可获得编码器的零位参考位。

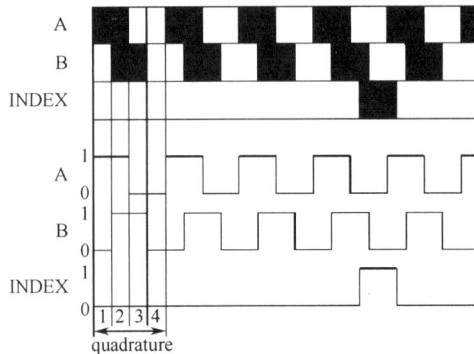

图 2.5　增量式光电轴角编码器输出信号

一个 512 线的单端编码器，其编码器轴每转一圈能够产生 512 个脉冲。而如果采用正交模式，其计数值（及其分辨率）为相同线数单端模式的四倍，即每转一圈产生 2048 个计数。这可以通过 A、B 相之间的偏移来解释：单相时，只有开/关两种状态；而两相时，每个周期内有 4 种不同的开/关状态，如图 2.5 所示。相位偏移还可用于检测转轴旋转的方向，因为顺时针和逆时针旋转时的相序是不同的。

（3）数据采集板

QUBE-Servo 2 中的数据采集板具有两个 32 位编码器信号输入通道、一个 PWM 模拟量输出通道、一个 12 位的模拟量输入通道，其中模拟量输入通道采集直流电机的电流信号。

（4）功率放大器

QUBE-Servo 2 电路板上有一个 PWM 电压控制功率放大器，能够提供 2 A 峰值电流和 0.5 A 连续电流。输出电压范围为±10 V。

QUBE-Servo 2 系统主要部件的技术参数如表 2.2 所示（采用 CL40 系列 16704 型无芯直流电机的 QUBE-Servo 系统，其主要部件的技术参数如表 2.3 所示）。

表 2.2　QUBE-Servo 2 系统主要部件技术参数

符　号	参　数	值
直流电动机		
V_{nom}	额定电压	18.0 V
τ_{nom}	额定转矩	22.0 mN·m
ω_{nom}	额定转速	3050 RPM
I_{nom}	额定电流	0.54 A
R_m	电枢电阻	8.4 Ω
k_t	转矩常数	0.042 N·m/A
k_m	反电动势常数	0.042 V/(rad/s)
J_m	转子转动惯量	4.0×10^{-6} kg·m²
L_m	电枢电感	1.16 mH
m_h	磁性连接器轴的质量	0.0106 kg
r_h	磁性连接器轴的半径	0.0111 m
J_h	磁性连接器转动惯量	0.6×10^{-6} kg·m²
惯性圆盘模块		
m_d	圆盘质量	0.053 kg
r_d	圆盘半径	0.0248 m
旋转摆模块		
m_r	旋转臂质量	0.095 kg
L_r	旋转臂长度	0.085 m
m_p	摆杆质量	0.024 kg
L_p	摆杆长度	0.129 m
电机与摆杆的编码器		
	编码器线数	512 线/圈
	四倍频后的编码器线数	2048 线/圈
	编码器分辨率（四倍频后角度）	0.176 度/脉冲
	编码器分辨率（四倍频后弧度）	0.00307 弧度/脉冲

符　　号	参　　数	值
	功率放大器	
	功率放大器类型	PWM
	峰值电流	2 A
	连续电流	0.5 A
	输出电压范围（推荐值）	±10 V
	输出电压范围（最大值）	±15 V

表 2.3　QUBE-Servo 系统部件参数

符　　号	参　　数	值
	直流电动机	
V_{nom}	额定电压	15.0 V
τ_{nom}	额定转矩	22.0 mN·m
ω_{nom}	额定转速	2920 RPM
I_{nom}	额定电流	0.635 A
R_m	电枢电阻	6.3 Ω
k_t	转矩常数	0.036 N·m/A
k_m	反电动势常数	0.036 V/(rad/s)
J_m	转子转动惯量	$4.0×10^{-6}$ kg·m^2
L_m	电枢电感	0.85 mH
m_h	磁性连接器轴的质量	0.0087 kg
r_h	磁性连接器轴的半径	0.0111 m
J_h	磁性连接器转动惯量	$1.07×10^{-6}$ kg·m^2
	惯性圆盘模块	
m_d	圆盘质量	0.054 kg
r_d	圆盘半径	0.0248 m
	旋转摆模块	
m_r	旋转臂质量	0.100 kg
L_r	旋转臂长度	0.095 m
m_p	摆杆质量	0.024 kg
L_p	摆杆长度	0.127 m
	电机与摆杆的编码器	
	编码器线数	512 线/圈
	四倍频后的编码器线数	2048 线/圈
	编码器分辨率（四倍频后）	0.176 度/脉冲
	功率放大器	
	功率放大器类型	PWM

符　号	参　数	值
	峰值电流	2 A
	连续电流	0.5 A
	输出电压范围	±10 V

■**注意**：两款旋转倒立摆所使用的电源适配器不同

◆ QUBE-Servo 2 使用 ATS 065-p 241 型交直流适配器（输入额定值：100～240 V AC，50～60 Hz，1.4 A；输出额定值：24 V DC，2.71 A）。

◆ QUBE-Servo 使用 HK-H5-A15 型交直流适配器（输入额定值：100～240 V AC，50～60 Hz，0.8 A；输出额定值：15 V DC，2 A）。

2.2　系统实验

2.2.1～2.2.8 节实验中的负载为惯性圆盘，2.2.9～2.2.14 节实验中的负载为旋转摆。

2.2.1　电机控制基础

实验内容：

使用 QUARC 软件功能模块建立一个直流电机驱动的 Simulink 模型，并测量电机的相应转角。Simulink 模型见图 2.6。（可参考系统提供的 Simulink 模型："q_qube2_servo.mdl"）

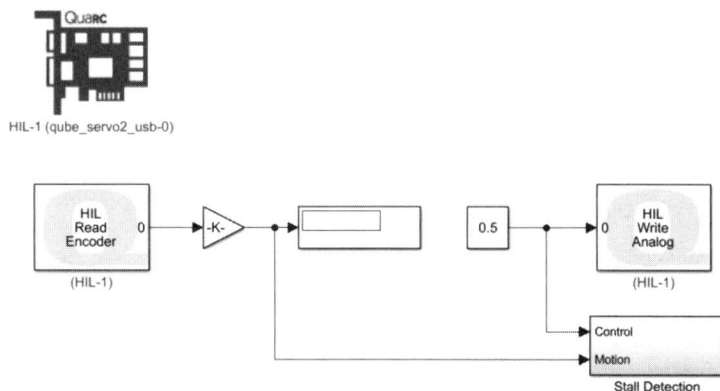

图 2.6　直流电机驱动的 Simulink 模型

实验步骤：

1）建立一个 QUBE-Servo 2 的 Simulink 模型

（1）运行 Matlab 软件。

（2）创建一个新的 Simulink 框图：单击菜单栏中的 Simulink，选择 New 项中的 Blank Model（或 File | New | Blank Model）。

（3）打开 Simulink 的 Library Browser 窗口：单击菜单栏中 View | Library Browser（或单击 Simulink 图标，打开 Simulink 库浏览器窗口）。

（4）展开 QUARC Targets 项，选择 Data Acquisition | Generic | Configuration 类，出现如图 2.7 所示界面。

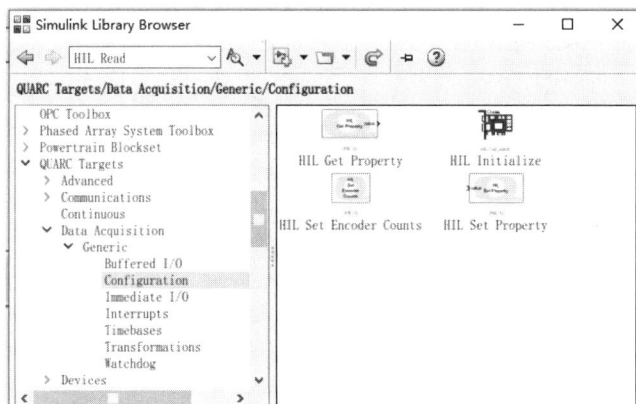

图 2.7　Simulink 库浏览器中的 QUARC 目标库

（5）在目标库窗口选中"HIL Initialize"模块，并将其拉至空白的 Simulink 建模区域。该模块用于对数据采集设备进行配置。

（6）确认 QUBE-Servo 2 已经连接到计算机的 USB 口，且设备的 USB 口指示灯为绿色。

（7）双击"HIL Initialize"模块。

（8）在板卡类型栏选择"qube_servo2_usb"（确保窗口下方的"Apply"项被选中，后续模块设置相同）。

（9）在 QUARC | Set default options 项中设置正确的实时运行时间参数，建立外部使用的 Simulink 模型。

（10）单击 QUARC | Build 项进行编译（或在如图 2.8 所示的 Simulink 模型工具栏中单击编译图标）。在模型编译时，Matlab 命令窗口应显示一系列内容。编译成功则创建一个 QUARC 可执行文件（.exe），一般我们将其称为 QUARC 控制器。

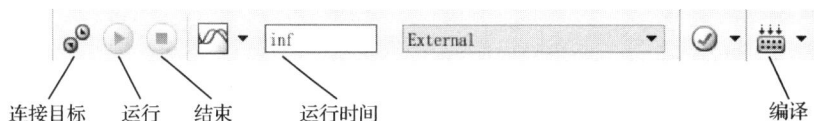

图 2.8　Simulink 模型工具栏

（11）连接并运行 QUARC 控制器。在图 2.8 中单击连接目标图标，连接成功后（运行图标变绿）单击运行图标（也可以通过 QUARC | Start 运行代码）。此时 QUBE-Servo 2 上的电源指示灯应该闪烁。

（12）如果 QUARC 控制器能够成功运行而不出任何差错，则可单击 QUARC | Stop 结束控制器运行，或直接单击图 2.8 中的结束图标。

说明：当运行时间设置为 inf 时，程序将一直运行直至用户手动停止。当运行时间设置为具体时长时，时间一到，程序自动停止。

2）读编码器

（1）在上述模型基础上添加"HIL Read Encoder"模块。该模块在 Library Browser 的 QUARC Targets | Data Acquisition | Generic | Immediate I/O 类中。

（2）添加"Gain""Display"模块。"Gain"模块在 Library Browser 的 Simulink | Math Operations 类中，"Display"模块在 Simulink |Sinks 类中。连接"HIL Read Encoder""Gain""Display"模块。

（3）编译 QUARC 控制器。由于修改了 Simulink 模型，所以代码需要重新编译（每次重新编译前，需用通过 QUARC | Clean all 删除之前生成的编译与执行文件）。

（4）连接并运行 QUARC 控制器。

（5）来回转动惯性圆盘，"Display" 模块显示由编码器测得的计数值，该数值与惯性圆盘的转角成正比。

（6）观察 QUARC 控制器每次运行时编码器读数的变化。结束控制器的运行，转动惯性圆盘，然后重新运行控制器，观察编码器测量值的变化情况。

（7）测量惯性圆盘转动一周编码器的输出值。简要说明程序结果，并验证该结果与编码器的技术参数相符合。

（8）以度为单位显示惯性圆盘的转角。根据脉冲数与角度的转换关系设置 "Gain" 模块的值，该值称为传感器增益。运行 QUARC 控制器，确认 "Display" 模块所显示的圆盘转角是正确的。

3）驱动直流电机

（1）在上述模型基础上添加 "HIL Write Analog" 模块，该模块在 Library Browser 的 QUARC Targets | Data Acquisition | Generic | Immediate I/O 类中。该模块用于将控制信号通过数据采集板的模拟量输出通道 0 输出，再经过 PWM 功率放大器放大后驱动直流电机。

（2）添加 "Constant" 模块，该模块在 Simulink | Commonly Used Blocks 中。将 "Constant" 模块与 "HIL Write Analog" 模块相连。

提示：建议在 Simulink 主框图中添加 "Stall Monitor" 模块，图 2.6 中的 "Stall Detection" 模块就包含此模块，"Stall Detection" 模块子系统如图 2.9 所示。该模块可以监测直流电机的控制电压和转速，确保其不停转。如果电机在超过 5 V 的控制电压下停止运转 20 s 以上，则结束控制器运行，以防止 QUBE-Servo 2 过热导致的电机损坏。

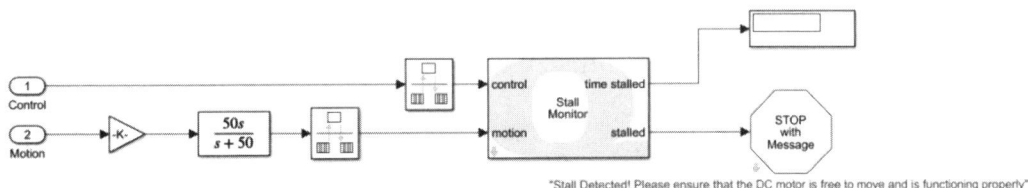

图 2.9 "Stall Detection" 模块子系统

（3）编译、连接并运行 QUARC 控制器。

（4）将 "Constant" 模块设置为 0.5，该电压将作用在 QUBE-Servo 2 的直流电机上。确认控制信号为正时位置测量值也为正（这是控制系统设计时的要求）。

（5）结束 QUARC 控制器的运行。

（6）如不在 QUBE-Servo 2 上进行其他实验，设备断电。

2.2.2　信号滤波

1. 低通滤波器

低通滤波器可以用来去除信号中的高频噪声，一阶低通滤波器的传递函数为

$$G(s) = \frac{\omega_f}{s + \omega_f} \tag{2.1}$$

式中，ω_f 是滤波器的截止频率（单位：rad/s）。通过该低通滤波器，信号中的高频分量至少被衰减−3 dB，约 50%。

2. 实验练习

实验内容：

设计如图 2.10 所示 Simulink 模型，通过编码器测量伺服系统转速，并对速度信号进行滤波处理。（可参考系统提供的 Simulink 模型："q_qube2_filter.mdl"）

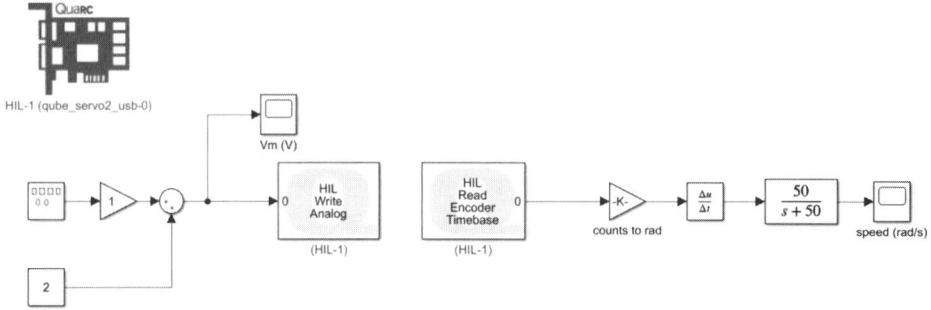

图 2.10　伺服系统转速测量的 Simulink 模型

实验步骤：

（1）利用电机控制基础实验中的模型（将"HIL Read Encoder"模块改为"HIL Read Encoder Timebase"模块，该模块在 Simulink 的 Library Browser 窗口的 QUARC Targets | Data Acquisition | Generic | Timebases 类中），确定编码器输出端口的增益值（"counts to rad"模块），将编码器的测量脉冲转换成负载的转角（rad）。

（2）设计如图 2.10 所示的 Simulink 模型，暂不包含"Transfer Fcn"模块（后面再加）。

● 微分：在编码器校准增益输出端添加一个"Derivative"模块，将负载的转角转换为负载的转速（rad/s）。

● 示波器：将"Derivative"模块的输出连接到一个"Scope"模块。

（3）设置信号源模块，产生一个频率为 0.4 Hz、幅值为 1～3 V 的阶跃电压信号。

（4）编译、连接并运行 QUARC 控制器，观察惯性圆盘的转动情况。电机控制电压及负载转速响应应该如图 2.11 所示。

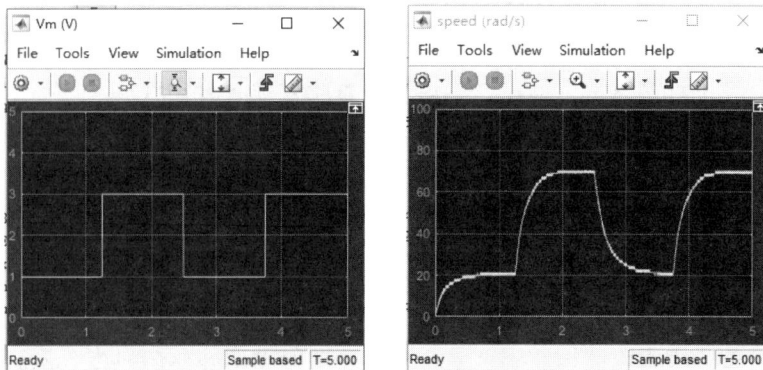

（a）电机控制电压　　　　　　　　（b）负载转速响应

图 2.11　电机控制电压及负载转速响应

（5）解释为什么基于编码器的测量是有噪声的。

提示：在"HIL Read Encoder"模块的输出端增加一个"Scope"模块，检测编码器输出的位置信号。放大位置响应信号，观察曲线特征。该响应信号是连续的吗？

（6）去除高频噪声的方法之一是在微分环节的后面添加一个低通滤波器（LPF）。在 Simulink | Sources 库中找到"Transfer Fcn"模块并添加到"Derivative"模块的输出端，再将 LPF 连到"Scope"模块。将"Transfer Fcn"模块设置为：50/(s+50)。

（7）编译、连接并运行 QUARC 控制器，观察滤波后的伺服系统的转速响应，是否有改进？

（8）低通滤波器 50/(s+50) 的截止频率是多少？以 rad/s 与 Hz 为单位给出答案。

（9）调整截止频率 ω_f：10～200 rad/s，观察滤波效果，分析减小和增大这一参数的利弊。

（10）结束 QUARC 控制器的运行。

（11）如不在 QUBE-Servo 2 上进行其他实验，设备断电。

2.2.3　稳定性分析

1. 伺服电机模型

QUBE-Servo 2 系统电压–转速过程传递函数为

$$P_{v-s}(s) = \frac{\Omega_m(s)}{V_m(s)} = \frac{K}{Ts+1} \tag{2.2}$$

式中：$K = 23.0\,(\text{rad/s})/\text{V}$，为模型的稳态增益；

$T = 0.13\,\text{s}$，为模型的时间常数；

$\Omega_m(s) = \mathcal{L}[\omega_m(t)]$，为电机转速（即惯性圆盘转速）的拉氏变换；

$V_m(s) = \mathcal{L}[v_m(t)]$，为电机控制电压的拉氏变换。

如果想得到更准确的模型参数 K 和 T，可以针对某一特定的伺服电机进行实验（如进行阶跃响应建模实验）。

电压–位置过程传递函数见式（2.3），其在形式上是式（2.2）串联一个积分环节。

$$P_{v-p}(s) = \frac{\Theta_m(s)}{V_m(s)} = \frac{K}{s(Ts+1)} \tag{2.3}$$

式中，$\Theta_m(s) = \mathcal{L}[\theta_m(t)]$ 是负载轴角位置的拉氏变换。

2. 实验练习

实验内容：

设计如图 2.12 所示 Simulink 模型，给电机施加一个幅值为 1 V 的阶跃输入，测量伺服电机的转速与位置响应，分析电压–转速、电压–位置过程的稳定性。（可参考系统提供的 Simulink 模型："q_qube2_step.mdl"）

实验步骤：

（1）根据式（2.2）传递函数的极点位置，判断电压–转速伺服系统的稳定性。

（2）根据式（2.3）传递函数的极点位置，判断电压–位置伺服系统的稳定性。

（3）在图 2.12 中伺服电机输入端施加一个单位阶跃电压，编译、连接并运行 QUARC 控制器，可得到如图 2.13 所示位置与转速响应。

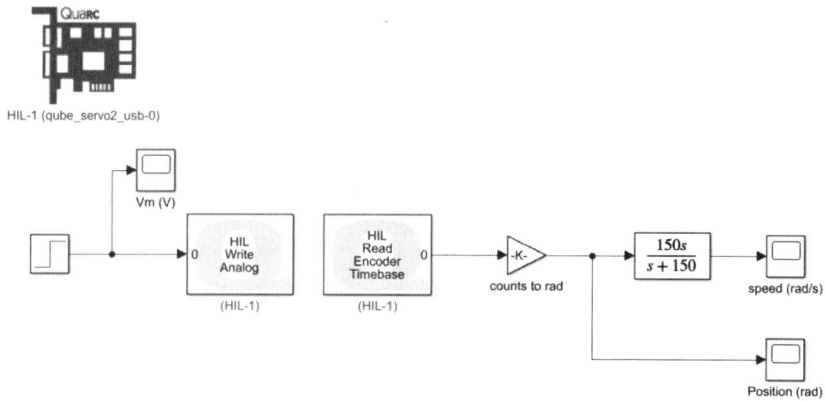

图 2.12   阶跃输入下伺服系统转速与位置测试的 Simulink 模型

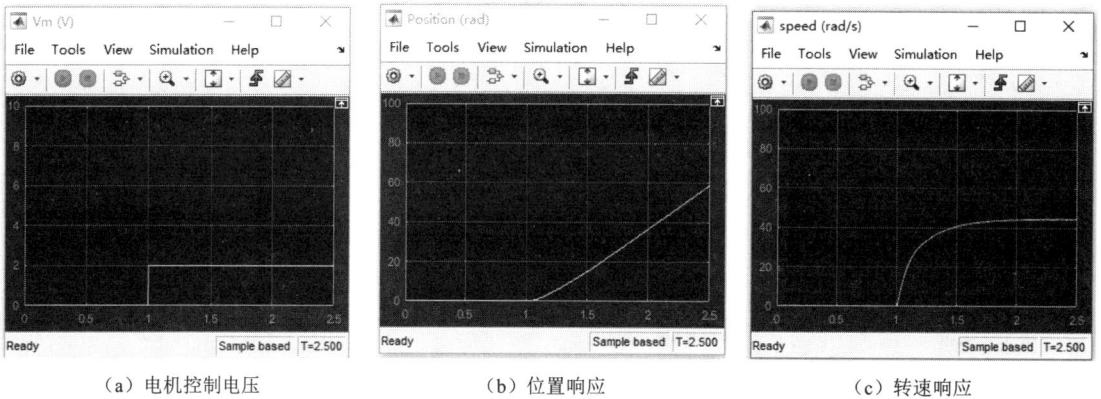

（a）电机控制电压　　　　　（b）位置响应　　　　　（c）转速响应

图 2.13   伺服系统位置与转速响应

（4）基于转速响应及有界输入-有界输出（BIBO）稳定性原理，分析电压-转速过程的稳定性。该结果与步骤（1）中通过极点位置判断稳定性的结论是否一致？

（5）基于位置响应及 BIBO 稳定性原理，分析电压-位置过程的稳定性。该结果与步骤（2）中通过极点位置判断稳定性的结论是否一致？

（6）是否存在一种能使开环伺服位置响应系统稳定的输入？如果存在，修改图 2.12 中的输入信号模块，并进行系统运行测试。基于上述结果，如何用有界输入来描述临界稳定系统？

提示：尝试采用脉冲或正弦输入，并将其位置响应与阶跃位置响应进行比较。

（7）结束 QUARC 控制器的运行。

（8）如不在 QUBE-Servo 2 上进行其他实验，设备断电。

2.2.4   阶跃响应法建模

1.   阶跃响应建模方法

阶跃响应建模是一种基于稳定系统阶跃响应的简单建模方法。给系统施加一个阶跃输入并记录其响应，例如，某系统的传递函数为

$$\frac{Y(s)}{U(s)} = \frac{K}{Ts+1} \tag{2.4}$$

其阶跃输出及输入曲线如图 2.14 所示。

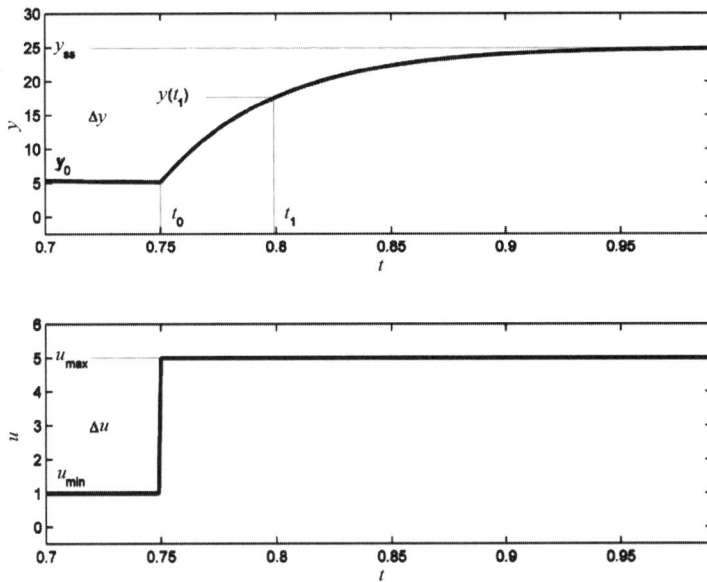

图 2.14 阶跃响应建模中的输出、输入曲线

图 2.14 中，输入信号 u 在 t_0 时刻由 u_{min} 跳变至 u_{max}，相应地，输出信号 y 在 t_0 时刻由初始稳态值 y_0 开始逐渐上升，最后稳定在 y_{ss}，由阶跃响应曲线建模方法可得系统的放大系数

$$K = \frac{\Delta y}{\Delta u} = \frac{y_{ss} - y_0}{u_{max} - u_{min}} \qquad (2.5)$$

系统的时间常数定义为：系统阶跃响应达到其稳态值的 63.2%所经历的时间。从图 2.14 可以看出：

$$y(t_1) = y_0 + 0.632\Delta y \qquad (2.6)$$

所以系统的时间常数 $T = t_1 - t_0$。

2. 实验练习

实验内容：

设计如图 2.15 所示的 Simulink 模型，给电机施加一个幅值为 2 V 的阶跃输入，测量伺服电机的转速响应，并根据转速响应曲线建立电机的电压-转速模型。（可参考系统提供的 Simulink 模型："q_qube2_ bumptest.mdl"）

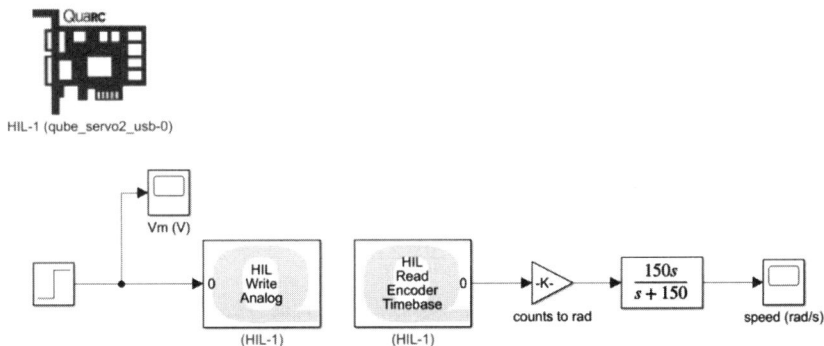

图 2.15 阶跃输入下伺服系统转速测试的 Simulink 模型

实验步骤：

（1）设置 Simulation 模型运行时间，确定该时段内阶跃输入产生的时刻（例如运行时间为 2.5 s，运行开始 1 s 后阶跃输入产生）。

（2）在图 2.15 中伺服电机输入端施加 2 V 的阶跃电压，编译、连接并运行 QUARC 控制器，可得到如图 2.16 所示转速响应。

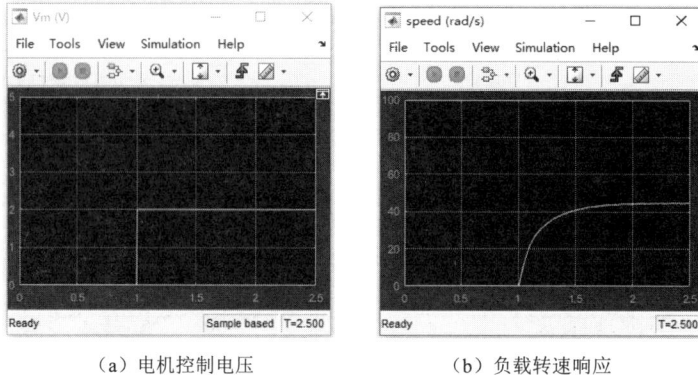

（a）电机控制电压   （b）负载转速响应

图 2.16   伺服系统转速响应

（3）绘制电机电压与转速响应的 Matlab 曲线。

提示： 可以通过设置示波器模块，将测量的负载转速和电机控制电压保存到 Matlab 工作区的 data_wm 和 data_vm 变量中，其中 data_wm(:，1)为时间向量，data_wm(:，2)为测量的转速向量；data_vm(:，1)为时间向量，data_vm(:，2)为电机电压向量。利用保存的数据绘制 Matlab 响应曲线，再计算模型的参数（有关数据保存及 Matlab 曲线绘制的方法，可以参考附录 A 的 A.5）。

（4）利用测量得到的阶跃响应曲线求系统的放大系数和时间常数。

提示： 可以使用 Matlab 的 Ginput 命令在曲线上取点测量。

（5）验证实验所得模型参数 T 和 K 的准确性。在图 2.15 的基础上增加一个由式（2.4）描述的一阶传递函数"Transfer Fcn"模块（运用实验所得模型参数），生成对象模型，如图 2.17 所示。将 QUBE-Servo 2 的实测转速信号及其模型仿真的响应通过"Mux"模块（在 Signal Routing 类中）一起连到示波器。编译、连接并运行 QUARC 控制器。在实验报告中附上输入电压及输出响应的 Matlab 曲线，其中输出图形中包含实测的及模型的转速响应。

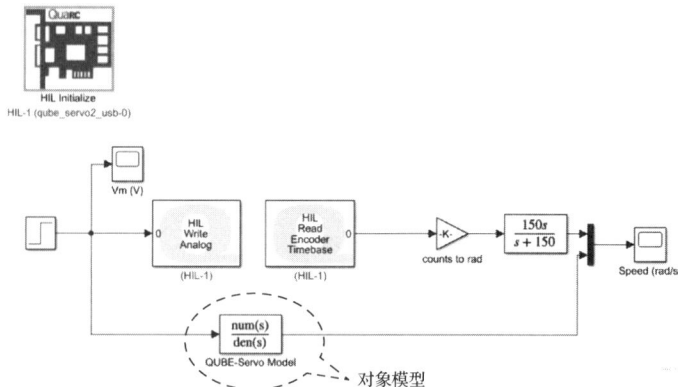

图 2.17   伺服系统转速阶跃响应

（6）对实验所得模型参数 T、K 的准确性进行说明。

（7）如不在 QUBE-Servo 2 上进行其他实验，设备断电。

2.2.5 机理法建模

1. 直流电机模型

QUBE-Servo 2 为直流驱动旋转伺服系统，其电枢控制原理图如图 2.18 所示。直流电机转轴连接负载轮毂，轮毂上安装惯性圆盘或旋转摆（本节考虑安装惯性圆盘）。轮毂的转动惯量为 J_h，惯性圆盘加载到输出轴上，其转动惯量为 J_d（相关参数参见表 2.2）。

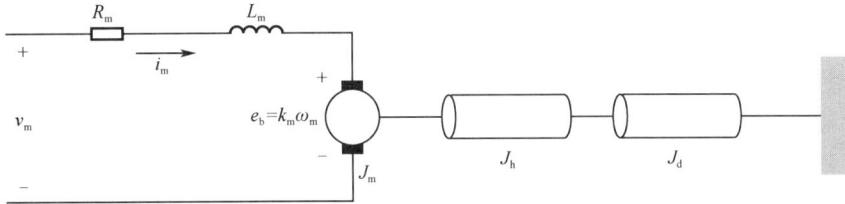

图 2.18　QUBE-Servo 2 直流电机电枢控制原理图

图 2.18 中，直流电机的电枢反电势为

$$e_b(t) = k_m \omega_m(t) \tag{2.7}$$

电枢回路电压平衡方程为

$$v_m(t) - R_m i_m(t) - L_m \frac{\mathrm{d}i_m(t)}{\mathrm{d}t} - k_m \omega_m(t) = 0 \tag{2.8}$$

由于电枢电感 L_m 远小于其电阻，故将其忽略，式（2.8）可简化为

$$v_m(t) - R_m i_m(t) - k_m \omega_m(t) = 0 \tag{2.9}$$

由式（2.9），得电枢电流

$$i_m(t) = \frac{v_m(t) - k_m \omega_m(t)}{R_m} \tag{2.10}$$

电磁转矩方程为

$$J_{eq} \dot{\omega}_m(t) = \tau_m(t) \tag{2.11}$$

式中，J_{eq} 是电动机和负载折合到电机轴上的转动惯量，$\tau_m(t)$ 是电枢电流产生的电磁转矩。

$$\tau_m(t) = k_t i_m(t) \tag{2.12}$$

J_d 是质量为 m_d、半径为 r_d 的惯性圆盘绕其枢轴的转动惯量，$J_d = m_d r_d^2 / 2$。

由式（2.10）、式（2.11）、式（2.12）可得直流电机微分方程

$$R_m J_{eq} \dot{\omega}_m(t) = k_t v_m(t) - k_t k_m \omega_m(t) \tag{2.13}$$

对式（2.13）求拉氏变换并进行整理，得到直流电机的传递函数为

$$\frac{\Omega_m(s)}{V_m(s)} = \frac{K}{Ts + 1} \tag{2.14}$$

式中，$K = 1/k_m$ 是电机传递系数，$T = R_m J_{eq} / k_t k_m$ 是机电时间常数，其中，$J_{eq} = J_m + J_h + J_d$。

2. 实验练习

实验内容：

设计如图 2.19 所示 Simulink 模型，给电机及其模型施加一个频率为 0.4 Hz、幅值为 1～3 V 的方波信号，测量伺服电机及其模型的转速响应，分析利用机理法建立的模型的准确性。（可参考系统提供的 Simulink 模型："q_qube2_model.mdl"）

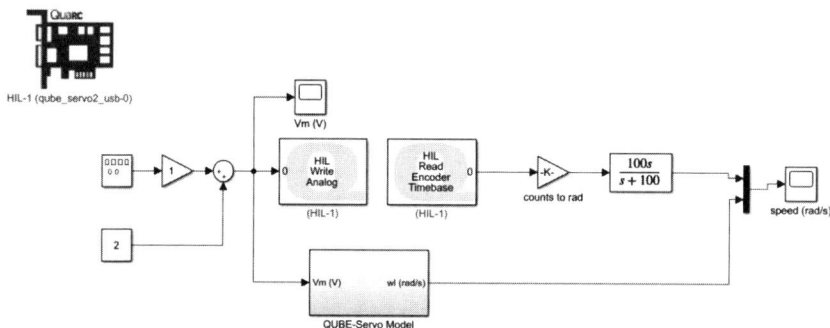

图 2.19　QUBE-Servo 2 系统转速与其模型转速测试的 Simulink 模型

实验步骤：

（1）创建图 2.19 中"QUBE-Servo Model"模块的 Simulink 模型，该模型子系统包含图 2.18 中各组件的功能模块。根据直流电机模型中各功能模块对应的方程，搭建如图 2.20 所示子系统的模型架构，其中包含减法器模块、增益模块、积分模块（将加速度转化为速度）等，请在现有图 2.20 基础上完成 QUBE-Servo 2 模型子系统的设计。

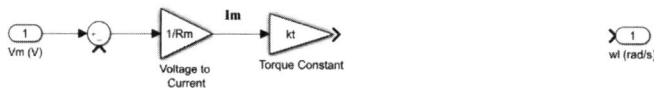

图 2.20　QUBE-Servo 2 模型架构（待完成）

可以通过编写 Matlab 脚本对 Simulink 模型中的系统参数进行设置，这样增益模块中的参数就可以使用变量而不是具体数值了。例如，在图 2.20 中，电机电枢电阻采用变量 R_m，电机转矩系数采用变量 k_t，变量赋值语句如下：

```
% Resistance
Rm = 8.4;
% Current-torque（N-m/A）
kt = 0.042;
```

编写对 QUBE-Servo 2 模型子系统所有变量进行赋值的脚本，在实验报告中附 QUBE-Servo 2 模型架构和 Matlab 赋值脚本的屏幕截图（可参考系统提供的 Matlab 脚本文件"qube2_param.m"）。

（2）编译、连接并运行 QUARC 控制器。方波输入下的伺服系统速度响应结果应该类似于图 2.21。在实验报告中附示波器屏幕截图，利用机理法建立的 QUBE-Servo 2 模型与实际系统是否相符？对结果进行说明。

（3）结束 QUARC 控制器运行。

（4）如不在 QUBE-Servo 2 上进行其他实验，设备断电。

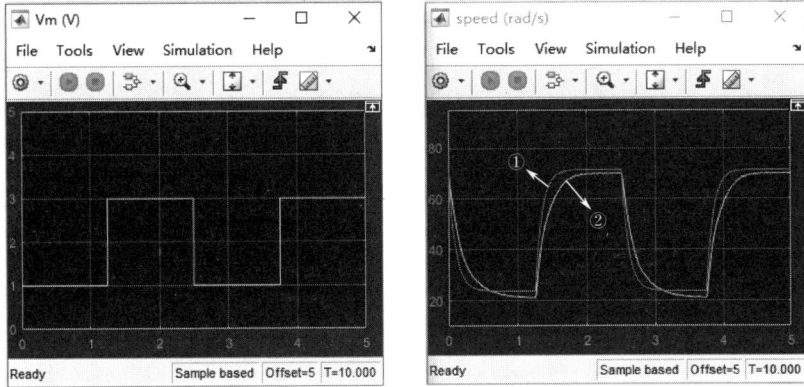

（a）电机控制电压　　　　　　　　　（b）转速响应（①-模型，②-系统）

图 2.21　方波输入下的伺服系统速度响应

2.2.6　二阶系统

1.　位置控制

采用如图 2.22 所示的单位反馈控制方式进行 QUBE-Servo 2 系统位置控制，其中 $C(s)$ 为控制器，$P(s)$ 为 QUBE-Servo 2 系统。

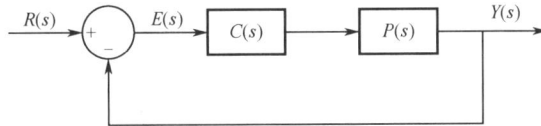

图 2.22　位置单位反馈控制方框图

QUBE-Servo 2 系统电压–位置过程传递函数为

$$P(s) = \frac{\Theta_{\mathrm{m}}(s)}{V_{\mathrm{m}}(s)} = \frac{K}{s(Ts+1)} \tag{2.15}$$

式中：$K = 23.0\ (\mathrm{rad/s})/\mathrm{V}$，为模型的稳态增益；

$T = 0.13\ \mathrm{s}$，为模型的时间常数；

$\Theta_{\mathrm{m}}(s) = \mathcal{L}[\theta_{\mathrm{m}}(t)]$，为电机角位置（即惯性圆盘角位置）的拉氏变换；

$V_{\mathrm{m}}(s) = \mathcal{L}[v_{\mathrm{m}}(t)]$，为电机控制电压的拉氏变换。

如果想得到更准确的模型参数 K 和 T，可以针对某一特定的伺服电机进行实验（例如进行阶跃响应建模实验）。

本实验中，取 $C(s) = 1$，则图 2.22 所示系统的闭环传递函数为

$$\frac{Y(s)}{R(s)} = \frac{\Theta_{\mathrm{m}}(s)}{V_{\mathrm{m}}(s)} = \frac{\dfrac{K}{T}}{s^2 + \dfrac{1}{T}s + \dfrac{K}{T}} \tag{2.16}$$

2.　实验练习

实验内容：

基于图 2.22 所示位置单位反馈控制系统，设计如图 2.23 所示的 Simulink 模型。根据系

统的位置响应曲线，计算二阶系统的性能指标。

设置运行时间为 2.5 s，运行开始 1 s 后产生一个幅值为 1 rad 的阶跃输入。（可参考系统提供的 Simulink 模型"q_qube2_o2.mdl"）

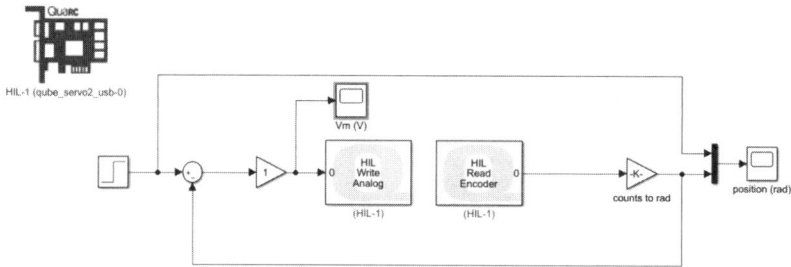

图 2.23　位置单位反馈控制的 Simulink 模型

实验步骤：

（1）将模型参数代入式（2.16），计算出系统的自然频率 ω_n 和阻尼比 ζ。

（2）根据 ω_n、ζ 的值，计算峰值时间和超调量。

（3）编译、连接并运行 QUARC 控制器。位置单位反馈控制系统结果应该类似于图 2.24。在实验报告中附屏幕截取的电机控制电压曲线及位置控制响应曲线（包含设定值与实测位置曲线）。

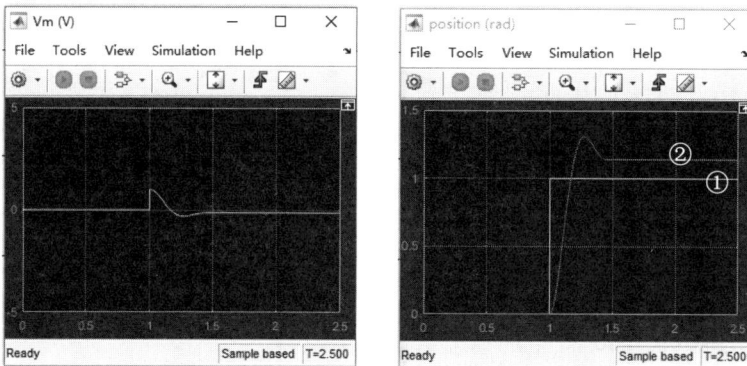

（a）电机控制电压　　　　　（b）位置响应（①-设定值，②-系统）

图 2.24　位置单位反馈控制系统响应

（4）根据位置响应曲线计算峰值时间和超调量，并与步骤（2）的计算结果进行比较。

提示：可以将相关数据保存到 Matlab 工作区，并进行离线分析。

（5）如不在 QUBE-Servo 2 上进行其他实验，设备断电。

2.2.7　PD 控制

1. PV 位置控制

伺服位置控制通常采用 PD 控制（不采用积分作用），本实验将采用比例-速度（PV）控制方式，方框图如图 2.25 所示。与经典 PD 控制不同，PV 控制中的微分器是独立作用的，它能根据被控参数变化的速度及时进行校正，使系统具有较快的响应速度。为了抑制高频测量噪声，实验中在微分器环节后增加了一个低通滤波器。

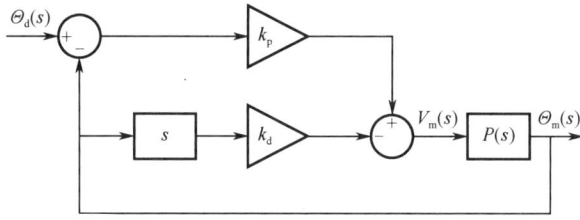

图 2.25　伺服系统位置 PV 控制方框图

PV 控制结构为

$$u(t) = k_p(r(t) - y(t)) - k_d\dot{y}(t) \tag{2.17}$$

式中，k_p 是比例增益，k_d 是微分增益；$r(t) = \theta_d(t)$ 用来设定电机（或负载）位置，$y(t) = \theta_m(t)$ 是实测的电机（或负载）位置，$u(t) = V_m(t)$ 是控制量（电机控制电压）。

假设所有初始条件为零，对式（2.17）求拉氏变换，得

$$U(s) = k_p(R(s) - Y(s)) - k_d s Y(s) \tag{2.18}$$

将式（2.15）代入式（2.18），可得

$$Y(s) = \frac{K}{s(Ts+1)}(k_p(R(s) - Y(s)) - k_d s Y(s))$$

则

$$\frac{Y(s)}{R(s)} = \frac{Kk_p}{Ts^2 + (1+Kk_d)s + Kk_p} \tag{2.19}$$

这是一个二阶系统传递函数，其标准形式为

$$\frac{Y(s)}{R(s)} = \frac{\omega_n^2}{s^2 + 2\zeta\omega_n s + \omega_n^2} \tag{2.20}$$

2.　实验练习

实验内容：

采用 $100s/(s+100)$ 替代微分器，设计如图 2.26 所示位置 PV 控制的 Simulink 模型。分析比例增益、微分增益对控制性能的影响，并对控制器参数进行整定。

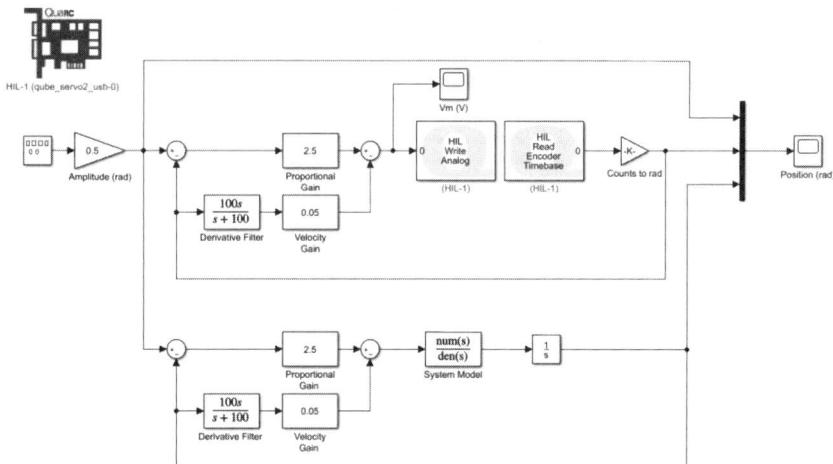

图 2.26　位置 PV 控制的 Simulink 模型

设置信号发生器模块，使其产生振幅为 0.5 rad、频率为 0.4 Hz 的方波信号，作为伺服系统位置设定值。该 Simulink 模型还包含一个基于 QUBE-Servo 2 传递函数模型（"System Model"模块）的 PV 控制回路（传递函数模型见式（2.16），其中，$K = 26.5\,(\text{rad/s})/\text{V}$，$T = 0.155\,\text{s}$，也可以使用之前建模实验测得的参数值）。（可参考系统提供的 Simulink 模型 "q_qube2_pv.mdl"）

实验步骤：

（1）编译、连接并运行 QUARC 控制器。位置 PV 控制系统响应结果应该类似于图 2.27。

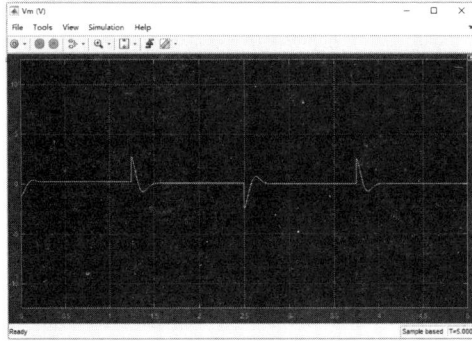

（a）电机控制电压

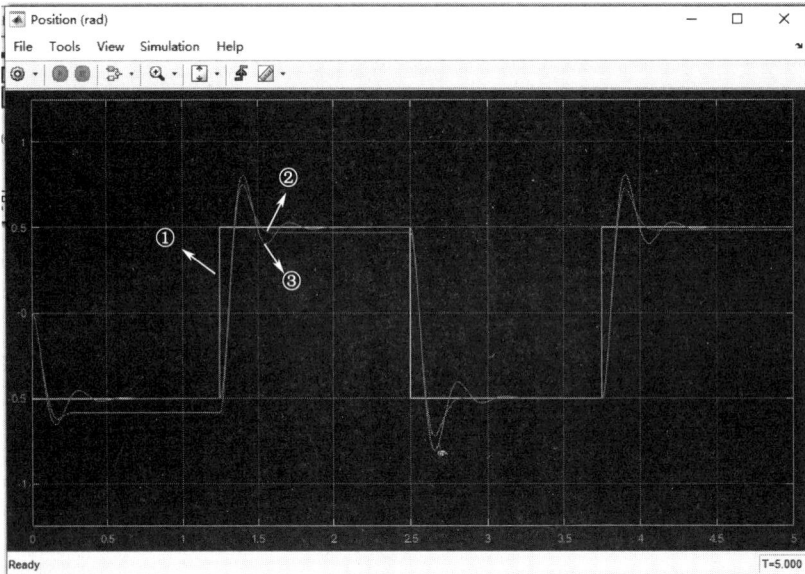

（b）位置响应（①-设定值，②-模型，③-系统）

图 2.27　位置 PV 控制系统响应

（2）保持微分增益 $k_\text{d} = 0\,\text{V/(rad/s)}$，比例增益 k_p 在 1～4 V/rad 之间进行调节，观察比例增益变化对伺服位置控制的影响。

（3）保持比例增益 $k_\text{p} = 2.5$ V/rad，微分增益 k_d 在 0～0.15 V/(rad/s)之间进行调节，观察微分增益变化对伺服位置控制的影响。

（4）结束 QUARC 控制器运行。

（5）根据 QUBE-Servo 2 的闭环传递函数（式（2.19））及二阶系统传递函数标准形式（式（2.20）），推导比例和微分增益与 ω_n、ζ 的函数关系。

（6）要得到峰值时间为 0.15 s，超调量为 2.5%的响应，系统的自然频率和阻尼比分别为 $\omega_n = 32.3$ rad/s，$\zeta = 0.67$。使用本节实验内容中给出的 QUBE-Servo 2 模型参数 K 和 T（或之前通过建模实验得到的参数），计算满足上述性能指标要求所需的控制参数 k_p、k_d。

（7）运用步骤（6）计算得到的控制参数，运行 Simulink 模型，记录电机电压及位置响应曲线。

（8）测量响应的超调量和峰值时间，在忽略感应电机饱和（超过±10 V）的情况下，测量结果是否满足步骤（6）中提出的超调量和峰值时间指标要求？为什么 QUBE-Servo 2 实际系统响应存在稳态误差，而 QUBE-Servo 2 模型传递函数的响应则没有？

（9）如果响应曲线不满足超调量和峰值时间性能指标，尝试调节控制参数，直到满足要求为止。在实验报告中附响应的 Matlab 曲线、性能指标测量结果，并就控制参数调整的思路和方法进行说明。

（10）结束 QUARC 控制器的运行。

（11）如不在 QUBE-Servo 2 上进行其他实验，设备断电。

2.2.8 超前校正

1. 串联超前校正

超前校正是控制系统的一种串联校正方式，它利用超前网络或 PD 控制器的相角超前特性来改善闭环系统的动态性能。超前、滞后校正环节传递函数的一般表达式为

$$G(s) = K_c \frac{1 + \alpha Ts}{1 + Ts} \tag{2.21}$$

式中，$\alpha > 1$ 时，为超前校正；$\alpha < 1$ 时，为滞后校正。

超前校正环节的增益 K_c 对系统的截止频率有影响。若 K_c 增大，则截止频率增大，系统的带宽增大，峰值时间则随之减小（即加快了系统响应）。若 $K_c > 1$，则系统的相角裕度减小，K_c 取值过大会导致较大的系统超调。在系统设计时，K_c 的取值一般要使系统的带宽增加到期望带宽的一半左右。超前校正会增加额外的增益，因此要综合考虑 K_c 和超前校正环节的作用，以达到期望的系统带宽。

本实验拟采用图 2.28 所示积分器与超前校正环节相串联的控制器形式，使用积分器是为了保证稳态误差为零。

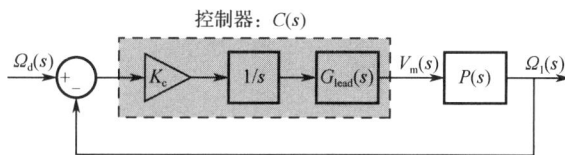

图 2.28 速度超前校正控制框图

图 2.28 中控制器的传递函数为

$$C(s) = K_c \frac{1 + \alpha Ts}{(1 + Ts)s}, \quad \alpha > 1 \tag{2.22}$$

QUBE-Servo 2 系统电压-速度过程传递函数为

$$P(s) = \frac{K}{Ts + 1} \tag{2.23}$$

为便于超前校正环节的设计，将积分器作为对象模型的一部分，即

$$P_i(s) = P(s)\frac{1}{s} \qquad (2.24)$$

2. 超前校正环节的设计步骤

超前校正环节设计需要考虑的两个主要性能指标是校正后系统的相角裕度和截止频率。相角裕度影响系统响应的形状，较大的相角裕度意味着系统具有更好的稳定性和较小的超调量。一般来说，如果相角裕度不低于 75°，则超调量不超过 5%。截止频率是系统增益为 1 时的工作频率（或伯德图中 0 dB 时的频率），该参数主要影响系统的响应速度，截止频率 ω_c 增大，峰值时间将减小。一般来说，如果截止频率不低于 75 rad/s，则峰值时间不超过 0.05 s。

超前校正环节的设计步骤如下：

（1）生成未校正系统开环传递函数的伯德（Bode）图；

（2）超前校正环节本身会增大系统的增益，为满足系统的带宽设计要求，需要增加一个增益环节 K_c，使得开环截止频率为期望带宽的二分之一左右；

（3）对于添加增益 K_c 后的系统，计算需要增加的相角超前量 φ_m

$$\varphi_m = PM_{des} - PM_{meas} + 5 \qquad (2.25)$$

即在期望的相角裕度 PM_{des} 上增加 5 度，并减去增加 K_c 后系统的实测相角裕度；

（4）由式（2.26）、式（2.27）计算 α、ω_m；

$$\alpha = \frac{1 + \sin(\varphi_m)}{1 - \sin(\varphi_m)} \qquad (2.26)$$

$$\omega_m = \frac{1}{\sqrt{\alpha}T} \qquad (2.27)$$

（5）确定超前校正环节的极点和零点；

（6）检验校正后的系统是否满足设计要求。

3. 实验练习

实验内容：

基于图 2.28 所示 QUBE-Servo 2 速度超前校正控制系统结构，设计如图 2.29 所示的 Simulink 模型。所设计的控制系统需满足以下性能指标：

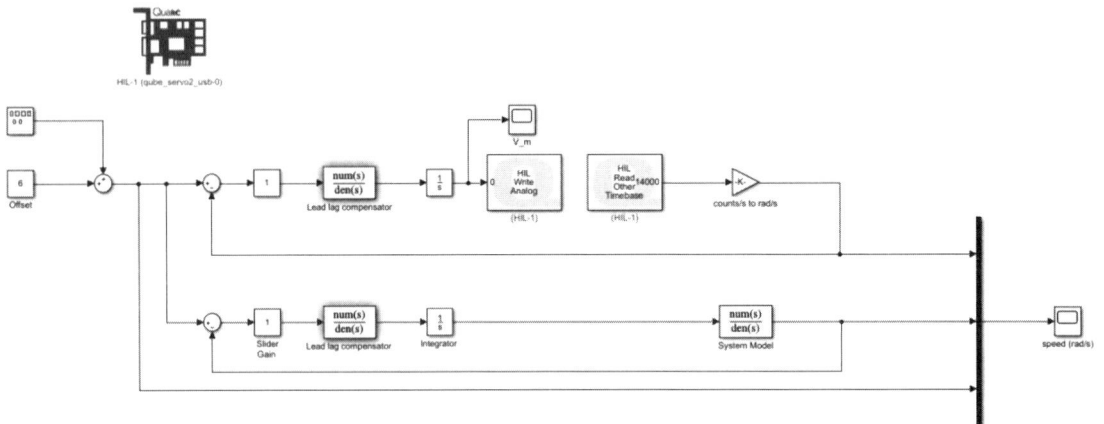

图 2.29　速度超前校正控制的 Simulink 模型

稳态误差：$e_{ss} = 0$，

峰值时间：$t_p = 0.05 \text{ s}$，

超调量：$PO \leqslant 5\%$，

相角裕度：$PM \geqslant 75 \text{ deg}$，

截止频率：$\omega_c \geqslant 75.0 \text{ rad/s}$。

可参考系统提供的 Simulink 模型"q_qube2_lead.mdl"。

实验步骤：

（1）计算式（2.24）所示未校正系统频率响应的幅值 $|P_i(s)|$，该幅值为频率 ω 的函数。

（2）计算未校正系统 $P_i(s)$ 的截止频率 ω_c'，该截止频率与模型的参数 K、T 有关。对于 QUBE-Servo 2，取 $K = 23$，$T = 0.13$（也可以使用之前建模实验测得的参数值）。

（3）运用 Matlab 中的 margin（Pi）指令画出 $P_i(s)$ 的伯德图，对该指令得到的截止频率及步骤（2）得到的截止频率进行比较。

提示： 在 Matlab 中，可以运用 Pi=tf（num，den）指令在工作区生成一个传递函数，其中 num 和 den 分别是 $P_i(s)$ 的分子多项式和分母多项式的向量。运用 margin（Pi）指令可以生成传递函数的伯德图，图中显示相应的幅值裕度、相角裕度及截止频率。

Bode 图绘制脚本如下：

```
K = 23.0;
tau = 0.13;
% Plant transfer function
num = K;
den = [tau 1 0];
Pi = tf(num,den);
% Bode plot
margin(Pi);
```

（4）确定增益 K_c，要求 $K_c P_i(s)$ 的截止频率为 35 rad/s（约为闭环系统带宽的一半）。

（5）针对 $K_c P_i(s)$，确定超前校正环节需要补偿的相角超前量 φ_m。

（6）计算 α。

（7）计算校正后的截止频率 ω_c。

（8）校正后的系统截止频率是否满足 $\omega_c \geqslant 75.0 \text{ rad/s}$？试考虑一下，你还可以采取什么举措来确保此要求的满足。

（9）计算校正环节参数 T，确定超前校正环节的传递函数。

（10）确定超前校正环节的极点和零点，画出该校正环节的伯德图，验证期望截止频率处的相角裕度是否满足要求。

（11）画出校正后的闭环系统伯德图，对设计结果进行验证。期望截止频率处的相角裕度满足要求吗？

（12）打开 q_qube2_lead.mdl 文件，完善超前补偿环节及增益 K_c。

（13）编译、连接并运行 QUARC 控制器。

（14）结束 QUARC 控制器的运行。

（15）系统响应是否满足期望的性能指标？尝试改变 K_c 的值，观察是否能够改善系统的响应性能。

（16）如不在 QUBE-Servo 2 上进行其他实验，设备断电。

2.2.9 摆杆转动惯量测量

1. 摆杆转动惯量

QUBE-Servo 2 倒立摆的摆杆受力分析图如图 2.30 所示。

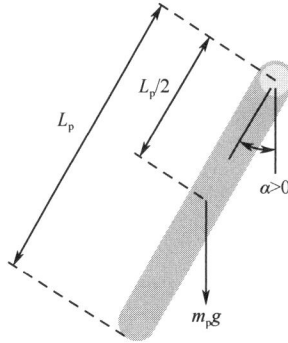

图 2.30 倒立摆摆杆受力分析图

由图 2.30 可得摆杆的非线性运动方程为

$$J_p \ddot{\alpha} = m_p g \frac{L_p}{2} \sin \alpha \tag{2.28}$$

式中，m_p 为摆杆的质量，L_p 为摆杆的长度，摆杆的质心位于 $L_p/2$ 处，J_p 为摆杆相对于质心的转动惯量。

摆杆的转动惯量可以通过实验的方法获得。假设摆杆未被启动，对式（2.28）所示摆杆的运动方程进行线性化处理，并求解微分方程，得

$$J_p = \frac{m_p g L_p}{2(2\pi f)^2} \tag{2.29}$$

式中，f 为摆杆的摆动频率；$f = n_{cyc}/\Delta t$，n_{cyc} 为循环摆动的次数；Δt 为循环摆动的时间。J_p 也可以通过转动惯量表达式来计算：

$$J_p = \int r^2 dm \tag{2.30}$$

式中，r 为摆杆的单位质量 dm 与旋转轴的垂直距离。

2. 实验练习

实验内容：

设计如图 2.31 所示的 Simulink 模型，根据测量得到的摆杆自由振荡频率计算摆杆的转动惯量。（可参考系统提供的 Simulink 模型："q_qube2_ rotpen_inertia.mdl"）

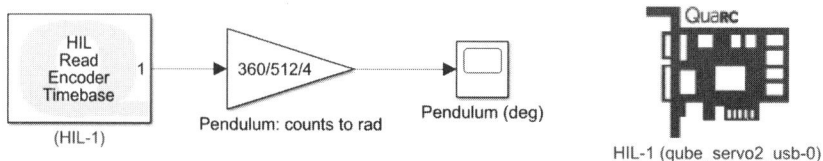

图 2.31 测量摆杆角度的 Simulink 模型

实验步骤：

（1）利用式（2.30）计算摆杆的转动惯量。相关参数参见表 2.2。

提示： 对于密度均匀的固态物体，可用微分长度来表示微分质量，即 $\mathrm{d}m = \dfrac{m_{\mathrm{p}}}{L_{\mathrm{p}}}\mathrm{d}r$。

（2）要求摆杆转角的显示单位为度，根据脉冲数与角度的转换关系设定图 2.31 中"Gain"模块的值（$360/(512\times4)$）。

（3）编译、连接并运行 QUARC 控制器。控制器运行后，在保持旋转臂位置固定的情况下，对摆杆施加扰动，摆杆的位置自由振荡响应应该如图 2.32 所示。

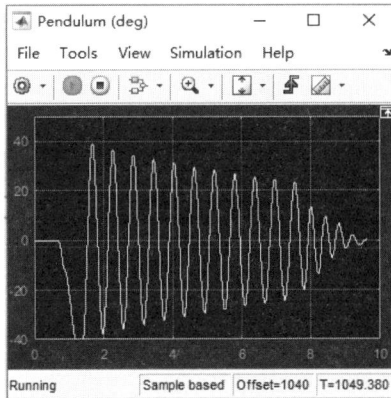

图 2.32　摆杆的位置自由振荡响应

（4）一旦获得合适的振荡响应曲线，就结束 QUARC 控制器运行。

（5）根据测得的响应结果求出摆杆的振荡频率，并利用式（2.29）计算摆杆的转动惯量。

（6）比较步骤（1）计算得到的转动惯量与实验得到的转动惯量的差异。

（7）如不在 QUBE-Servo 2 上进行其他实验，设备断电。

2.2.10　旋转倒立摆测量模型

1．旋转倒立摆测量

旋转倒立摆是一个经典控制系统，常用于物理、工程建模与控制问题的研究。旋转倒立摆的自由体图如图 2.33 所示。

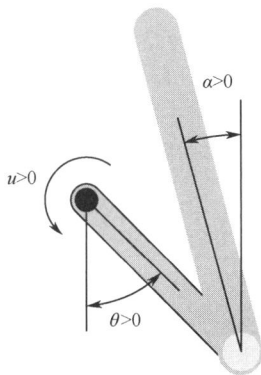

图 2.33　旋转倒立摆自由体图

在图 2.33 中，旋转臂的一端连接在电机枢轴上，其转角用变量 θ 表示，摆杆连接到旋转臂的末端，其倒摆角用 α 表示。这里约定：

（1）**倒摆角 α** 是摆杆相对于直立垂直位置的角度，$\alpha = 0$ 表示摆杆垂直向上，α 的数学表达式为

$$\alpha = \alpha_{\text{full}} \bmod 2\pi - \pi \tag{2.31}$$

式中，α_{full} 是由编码器测得的摆杆的转角，在测量过程中，将摆杆垂直向下的位置认定为 α_{full} 的初始零位，所以有 $\alpha \in [-180°，180°]$。

（2）**转角 θ 和倒摆角 α** 都以逆时针旋转方向为正。

（3）当电机施加正电压时，旋转臂向正（逆时针）方向转动。

2. 实验练习

实验内容：

设计如图 2.34 所示的 Simulink 模型，驱动直流电机并测量旋转臂和摆杆的转角。（可参考系统提供的 Simulink 模型 "q_qube2_ rotpen_model.mdl"）

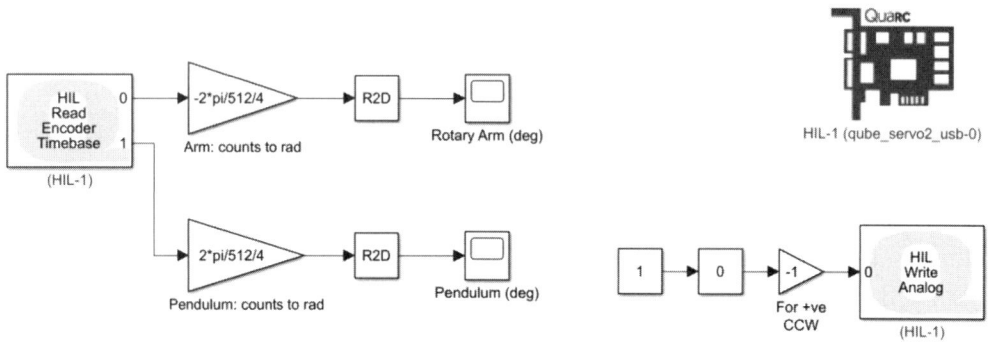

图 2.34 直流电机驱动及旋转倒立摆转角测量的 Simulink 模型

实验步骤：

（1）设计如图 2.34 所示的 Simulink 模型，主要工作包括：

● 添加 "HIL Read Encoder Timebase" 模块，读取 2 个编码器的测量值，其中，通道 0 为旋转臂的转角，通道 1 为摆杆的转角；

● 分别设置 2 路通道的编码器增益，将脉冲转换为弧度；

● 将测量值连接到示波器上，要求以度为单位显示各个转角；

● 信号源模块 "Constant" 设置为 1，为便于调节，可在 "Constant" 模块与 "HIL Write Analog" 模块之间添加一个 "Slider Gain" 模块（暂时将该增益模块设置为 0）；

（2）编译、连接并运行 QUARC 控制器。

（3）逆时针转动旋转臂和摆杆，观察示波器的响应情况，测量角度是否与前面约定的测量模型相符。旋转臂和摆杆的转角响应应该类似于图 2.35。

（4）给电机施加一个较小电压，例如 1 V，观察响应结果是否与前面约定的测量模型相符。

（5）结束 QUARC 控制器运行。

（6）修改 Simulink 模型，使测量的角度和施加的电压遵循上述约定。简单说明更改的内容。

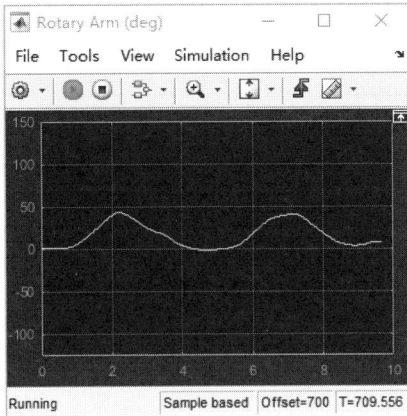

（a）旋转臂的转角响应　　　　　　　　　　　（b）摆杆的摆角响应

图 2.35　旋转臂和摆杆的转角响应

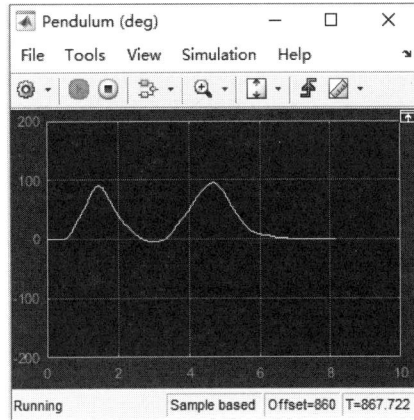

（7）在图 2.34 的基础上添加求余函数"mod"和偏移（u-pi）模块，得到如图 2.36 所示 Simulink 模型。

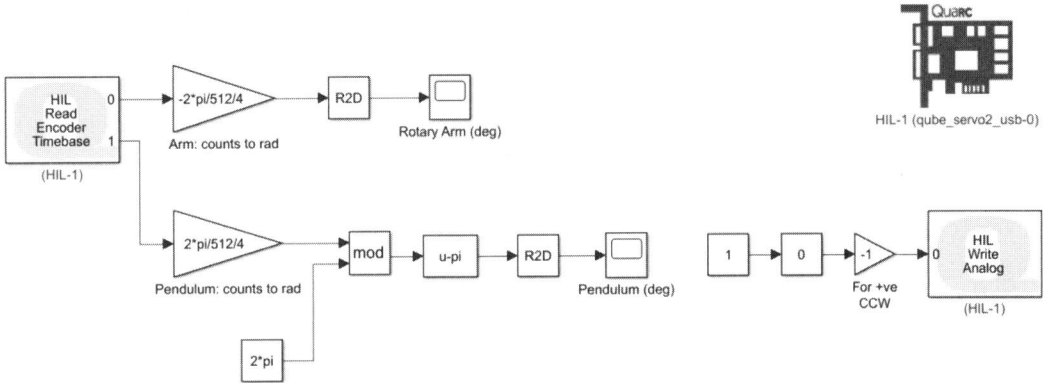

图 2.36　添加求余函数和偏移模块后的 Simulink 模型

（8）编译、连接并运行 QUARC 控制器（在启动控制器之前，确保摆杆垂直向下，且处于静止状态）。

（9）将摆杆旋转到垂直向上的位置，并逆时针、顺时针方向转动摆杆，测量摆杆转角响应，确保角度测量正确，且与图 2.33 相符。解释"mod"函数和"u-pi"模块的作用。

（10）结束 QUARC 控制器的运行。

（11）如不在 QUBE-Servo 2 上进行其他实验，设备断电。

2.2.11　稳摆控制

1. 摆杆控制

稳摆控制非常普遍，本节将介绍一种倒立摆的控制策略，利用该策略控制旋转臂运动以保持摆杆稳定在直立位置（摆杆平衡时，要求倒摆角 α 较小）。如果系统对旋转臂的位置性能也有要求，则还需构建一个旋转臂位置反馈控制回路。图 2.37 为采用 PD 控制器实现稳摆控制的一种方案。

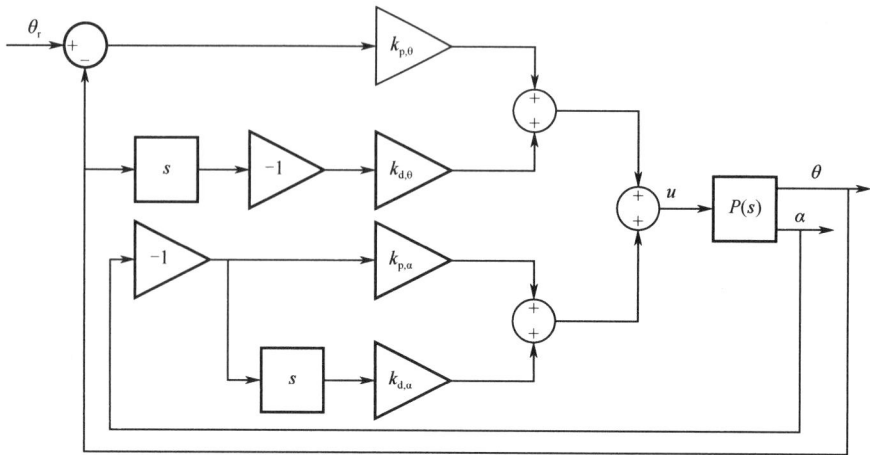

图 2.37　旋转倒立摆稳摆控制方框图（PD 控制）

图 2.37 中的 PD 控制律为

$$u = k_{p,\theta}(\theta_r - \theta) - k_{p,\alpha}\alpha - k_{d,\theta}\dot{\theta} - k_{d,\alpha}\dot{\alpha} \tag{2.32}$$

式中，$k_{p,\theta}$、$k_{d,\theta}$ 分别为旋转臂转角控制器的比例增益和微分增益，$k_{p,\alpha}$、$k_{d,\alpha}$ 分别为摆杆倒摆角控制器的比例增益和微分增益。旋转臂的期望转角用 θ_r 表示，倒摆角的期望值为零（即垂直向上）。

控制器参数的选取方法很多，2.2.14 节的 LQR 控制实验将对其中一种方法进行讨论。这里，仅利用给定的控制器及参数进行系统的控制练习。

2. 实验练习

实验内容：

运用图 2.37 所示 PD 控制方案实现 QUBE-Servo2 旋转倒立摆的稳摆控制。稳摆控制设计的具体要求为：当摆杆倒摆角的绝对值 $|\alpha| \leqslant 10°$ 时（这里的倒摆角定义与 2.2.10 节相同），启动稳摆控制方案，否则，不进行控制（即控制量为 0）。考虑到摆杆的初始位置是垂直向下的，所以实验时需要手动将其抬起，一旦 $|\alpha| \leqslant 10°$，稳摆控制器开始启动，并逐渐将摆杆控制到平衡状态。当 $|\alpha| > 10°$ 时，稳摆控制结束。（可参考系统提供的 Simulink 模型 "q_qube2_bal_pv.mdl"）

实验步骤：

（1）基于旋转倒立摆测量模型实验设计如图 2.38 所示的稳摆控制的 Simulink 模型。主要工作包括：

● "Counts to Angles" 子系统与倒立摆测量模型实验中的功能模块相同，将编码器计数值转换为弧度。注意该子系统输出的是倒立摆的角度；

● 为了得到旋转臂和摆杆的速度，加入微分环节与低通滤波器 $50s/(s+50)$（参见信号滤波实验）；

● 根据式（2.32）所示 PD 控制策略添加相应的 "Sum" 和 "Gain" 模块；

● 考虑到只有当摆杆位于垂直向上左右 10°（或 ±0.175 rad）以内时，控制器才开始工作，所以需要添加取绝对值、比较、选择等功能模块。

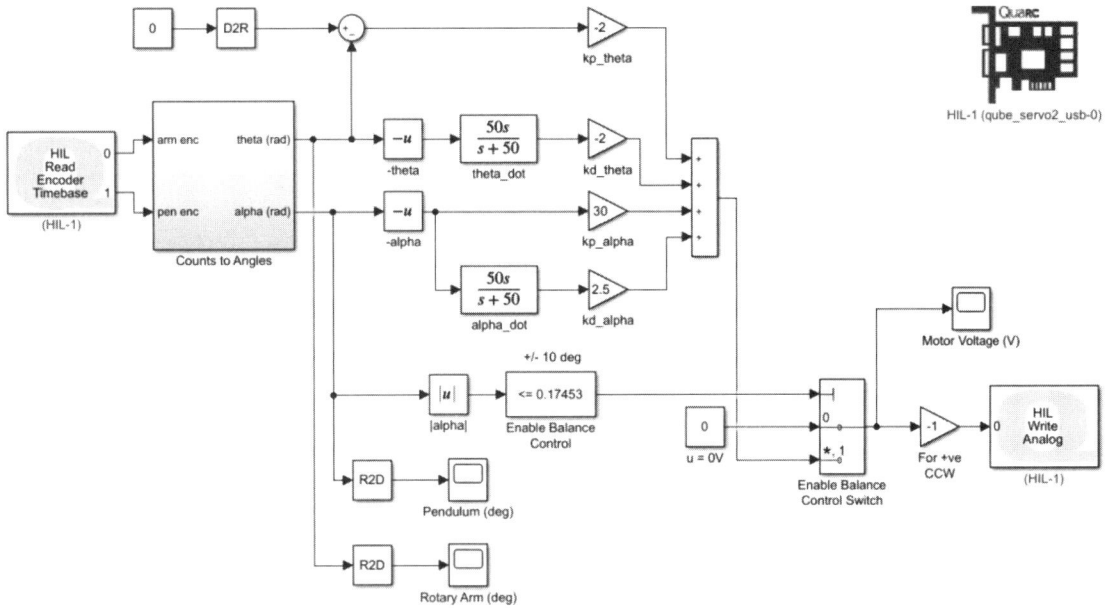

图 2.38 稳摆控制的 Simulink 模型

（2）设置 PD 控制器参数：$k_{\mathrm{p},\theta}=-2$、$k_{\mathrm{d},\theta}=-2$、$k_{\mathrm{p},\alpha}=30$、$k_{\mathrm{d},\alpha}=2.5$。

（3）编译、连接并运行 QUARC 控制器。

（4）手动将摆杆逐渐抬至向上直立位置，此时控制器开始工作，示波器显示如图 2.39 所示曲线。在实验报告中附屏幕截取的旋转臂、摆杆的位置响应及控制电压曲线。

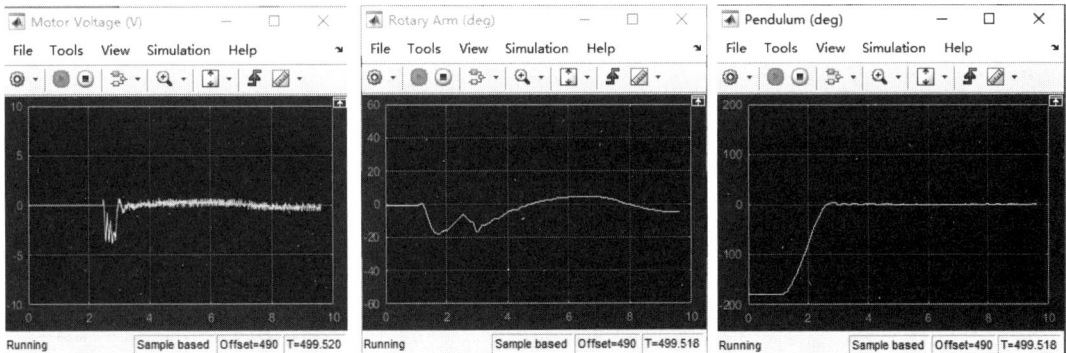

（a）电机控制电压　　　　　（b）旋转臂转角响应　　　　　（c）摆杆倒摆角响应

图 2.39 旋转倒立摆稳摆控制响应

（5）当摆杆平衡时，观察旋转臂转角和摆杆倒摆角的情况，描述旋转臂的运动状态。

（6）改变图 2.38 中左上角 "Constant" 模块的值，该模块连接到比较模块的正端（该值不要设得太高，保持在 $\pm 45°$ 以内）。该变量在稳摆控制系统中的物理含义是什么？

（7）结束 QUARC 控制器的运行。

（8）如不在 QUBE-Servo 2 上进行其他实验，设备断电。

2.2.12 状态空间法建模

1. 旋转倒立摆模型

旋转倒立摆结构模型如图 2.40 所示。旋转臂的枢轴连接到 QUBE-Servo 2 系统并由电机驱动。旋转臂的长度为 L_r，转动惯量为 J_r，逆时针旋转时，转角 θ 增大。当控制电压为正（$V_m > 0$）时，伺服电机与旋转臂均按逆时针方向转动。

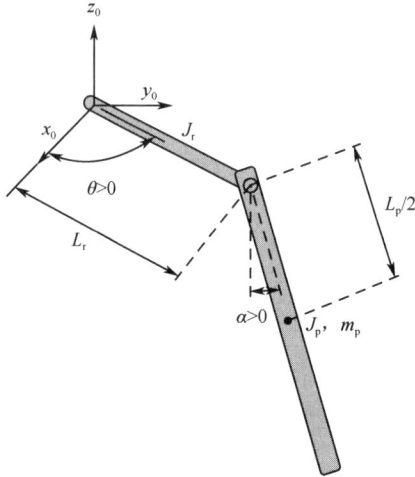

图 2.40　旋转倒立摆结构模型

摆杆连在旋转臂的末端，其长度为 L_p（从枢轴到末端），质量为 m_p，质心位于 $L_p/2$ 处，摆杆相对于质心的转动惯量为 J_p。摆杆垂直向下时，摆角 $\alpha = 0$，逆时针旋转时摆角增大（与 2.2.10 节中倒摆角的定义不同）。

利用欧拉-拉格朗日方法建立旋转倒立摆系统的非线性运动方程：

$$\left(m_p L_r^2 + \frac{1}{4} m_p L_p^2 - \frac{1}{4} m_p L_p^2 \cos^2 \alpha + J_r \right) \ddot{\theta} - \left(\frac{1}{2} m_p L_p L_r \cos \alpha \right) \ddot{\alpha} +$$

$$\left(\frac{1}{2} m_p L_p^2 \sin \alpha \cos \alpha \right) \dot{\theta} \dot{\alpha} + \left(\frac{1}{2} m_p L_p L_r \sin \alpha \right) \dot{\alpha}^2 = \tau - D_r \dot{\theta} \tag{2.33}$$

$$\frac{1}{2} m_p L_p L_r \cos \alpha \ddot{\theta} + \left(J_p + \frac{1}{4} m_p L_p^2 \right) \ddot{\alpha} - \frac{1}{4} m_p L_p^2 \cos \alpha \sin \alpha \dot{\theta}^2 +$$

$$\frac{1}{2} m_p L_p g \sin \alpha = -D_p \dot{\alpha} \tag{2.34}$$

式（2.33）中，τ 为伺服电机对旋转臂底部产生的转矩，

$$\tau = \frac{k_m (V_m - k_m \dot{\theta})}{R_m} \tag{2.35}$$

在工作点 $\alpha = 0$ 处对式（2.33）、式（2.34）非线性运动方程做线性化处理，得到倒立摆的线性运动方程为

$$(m_p L_r^2 + J_r) \ddot{\theta} - \frac{1}{2} m_p L_p L_r \ddot{\alpha} = \tau - D_r \dot{\theta} \tag{2.36}$$

$$\frac{1}{2}m_pL_pL_r\ddot{\theta} + \left(J_p + \frac{1}{4}m_pL_p^2\right)\ddot{\alpha} + \frac{1}{2}m_pL_pg\alpha = -D_p\dot{\alpha} \tag{2.37}$$

由式（2.36）、式（2.37），求得角加速度表达式为

$$\ddot{\theta} = \frac{1}{J_T}\left(-\left(J_p + \frac{1}{4}m_pL_p^2\right)D_r\dot{\theta} + \frac{1}{2}m_pL_pL_rD_p\dot{\alpha} + \frac{1}{4}m_p^2L_p^2L_rg\alpha + \left(J_p + \frac{1}{4}m_pL_p^2\right)\tau\right) \tag{2.38}$$

$$\ddot{\alpha} = \frac{1}{J_T}\left(\frac{1}{2}m_pL_pL_rD_r\dot{\theta} - (J_r + m_pL_r^2)D_p\dot{\alpha} - \frac{1}{2}m_pL_pg(J_r + m_pL_r^2)\alpha - \frac{1}{2}m_pL_pL_r\tau\right) \tag{2.39}$$

式中

$$J_T = J_pm_pL_r^2 + J_rJ_p + \frac{1}{4}J_rm_pL_p^2 \tag{2.40}$$

状态空间模型的一般形式为

$$\dot{x} = Ax + Bu \tag{2.41}$$
$$y = Cx + Du \tag{2.42}$$

式中，x 为状态向量，u 为控制输入，A、B、C、D 为状态空间矩阵。对于该旋转倒立摆系统，状态向量 $x = [\theta \quad \alpha \quad \dot{\theta} \quad \dot{\alpha}]^T$，输出向量 $y = [\theta \quad \alpha]^T$。

2. 实验练习

实验内容：

建立旋转倒立摆的状态空间模型，并通过实验检验所建模型的正确性。根据实验结果调整模型参数，使其更贴近实际系统。（可参考系统提供的 Simulink 模型 "q_qube2_ss_model_step.mdl"）

实验步骤：

（1）根据旋转倒立摆上安装的传感器，确定式（2.42）中的矩阵 C 和 D。

（2）由式（2.38）、式（2.39）及式（2.41）模型的状态方程，计算矩阵 A、B，建立旋转倒立摆的线性状态空间模型。

（3）基于摆杆转动惯量测量的模型，设计如图 2.41 所示的 Simulink 模型。设置信号发生器模块，使其产生频率为 1 Hz、幅值为 0～1 V 的方波信号。该方波信号同时作用于倒立摆系统及其状态空间模型。

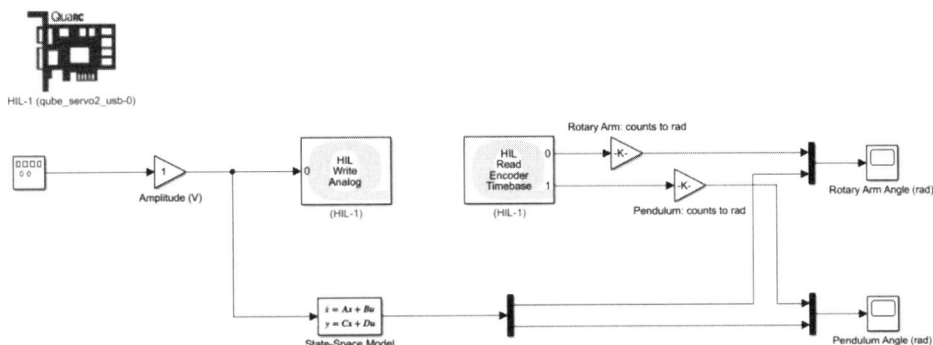

图 2.41 方波信号作用下的倒立摆及其模型响应测量的 Simulink 模型

（4）运行脚本文件 "setup_ss_model.m"，在 Matlab 工作区创建状态空间模型矩阵。确保生成的矩阵与步骤（2）计算结果相符。

- "setup_ss_model.m"脚本用于加载旋转倒立摆系统的技术参数，其中，旋转臂黏性阻尼系数 D_r、摆杆阻尼系数 D_p 是通过实验得到的， $D_r = 0.0015\,\text{N·m/ (rad/s)}$，摆杆阻尼系数 $D_p = 0.0005\,\text{N·m/ (rad/s)}$。摆杆的转动惯量 $J_p = m_p L_p^2/3$，也可以采用 2.2.9 节摆杆转动惯量测量实验得到的值。旋转臂的转动惯量 $J_r = m_r L_r^2/12$。

- "setup_ss_model.m"文件中的"rotpen_ABCD_eqns.m"文件根据步骤（2）推导出的状态空间矩阵表达式计算出 Simulink 模型中需要的状态空间模型矩阵。

（5）编译、连接并运行 QUARC 控制器。方波信号作用下倒立摆及其模型的响应应该如图 2.42 所示，在实验报告中附上示波器屏幕截图。观察倒立摆模型是否能够很好地反映实际系统？如果不能，解释误差产生的原因。

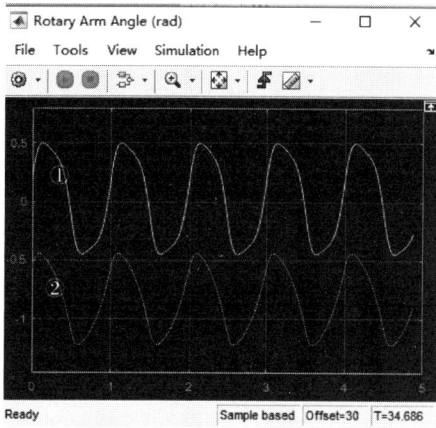

（a）旋转臂转角响应 （b）摆杆的转角响应

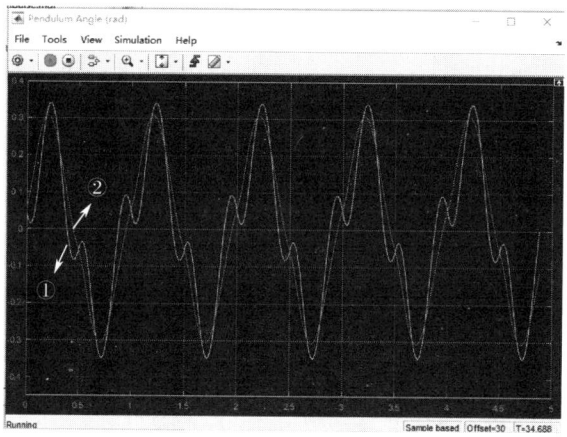

图 2.42 方波信号作用下倒立摆及其模型的响应（①-模型，②-倒立摆）

（6）不同倒立摆的黏性阻尼会略有不同，如果所建数学模型不能很好地反映实际倒立摆系统，可以尝试修改阻尼系数 D_r 和 D_p，以获得更准确的模型。

（7）结束 QUARC 控制器运行。

（8）如不在 QUBE-Servo 2 上进行其他实验，设备断电。

2.2.13 起摆控制

1. 能量控制

理论上，如果保持旋转臂角度不变，对摆杆施加一个初始扰动，则摆杆将保持恒定的振幅一直摆动。能量控制的基础是能量守恒定律，即对于一个理想系统，其动能和势能之和为常数。然而对于实际系统，由于摩擦的存在使得运动受到抑制，系统的总能量并不恒定。本实验将通过测量枢轴加速度的相关能量损失来设计控制器，从而控制摆杆的起摆。

QUBE-Servo 2 倒立摆的摆杆受力分析图如图 2.43 所示。

根据图 2.43 中摆杆的受力情况，建立摆杆的动力学方程

$$J_p\ddot{\alpha} + \frac{1}{2}m_p g L_p \sin\alpha = \frac{1}{2}m_p L_p a_1 \cos\alpha \tag{2.43}$$

式中， a_1 为摆杆的线加速度。

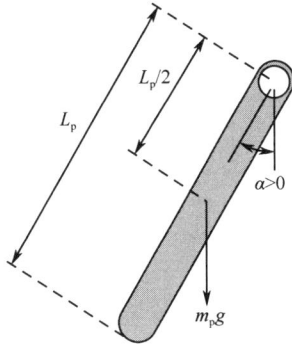

图 2.43　倒立摆摆杆受力分析图

摆杆的势能为

$$E_p = \frac{1}{2} m_p g L_p (1 - \cos \alpha)$$

摆杆的动能为

$$E_k = \frac{1}{2} J_p \dot{\alpha}^2$$

在图 2.43 中，当摆杆静止时（$\alpha = 0$，摆杆垂直向下），其势能为 0；当摆杆直立向上（$\alpha = \pm\pi$）时，其势能为 $m_p g L_p$。摆杆的总能量为

$$E = \frac{1}{2} J_p \dot{\alpha}^2 + \frac{1}{2} m_p g L_p (1 - \cos \alpha) \tag{2.44}$$

对式（2.44）求导，得

$$\dot{E} = \dot{\alpha} \left(J_p \ddot{\alpha} + \frac{1}{2} m_p g L_p \sin \alpha \right) \tag{2.45}$$

由式（2.43）、式（2.45），消去 $J_p \ddot{\alpha}$ 得

$$\dot{E} = \frac{1}{2} m_p a_1 L_p \dot{\alpha} \cos \alpha$$

由于枢轴加速度与电机电流成比例，即与电机驱动电压成比例，所以可以采用比例控制律来控制摆杆的能量

$$u = (E_r - E) \dot{\alpha} \cos \alpha \tag{2.46}$$

将设定能量 E_r 设置为摆杆的势能（$E_r = E_p$），控制律将启动摆杆使其稳定于直立位置。注意，该控制律是非线性的，因为比例增益取决于摆角 α 的余弦。此外，当 $\dot{\alpha}$ 符号变化和角度为 $\pm90°$ 时，控制量的符号发生变化。

为了使系统能量快速变化，控制量必须很大。因此，采用如下起摆控制律

$$u = \mathrm{sat}_{u_{\max}} \left(\mu (E_r - E) \mathrm{sign}(\dot{\alpha} \cos \alpha) \right) \tag{2.47}$$

式中，μ 是可调控制增益，$\mathrm{sat}_{u_{\max}}$ 函数是对枢轴最大加速度对应的控制量 u 进行限幅。$\mathrm{sign}(\dot{\alpha} \cos \alpha)$ 是取符号函数，可以实现更快的控制切换。

为了实现倒立摆的起摆及稳摆，可以将起摆控制与 2.2.11 节的稳摆控制相结合。例如，设定一个倒摆角范围，假设为 20°（**注意：倒摆角的定义参见 2.2.10 节，与图 2.43 中的摆角含义不同**），当倒摆角在 $\pm20°$ 以内时，采用稳摆控制算法，否则，采用起摆控制算法。上述切换控制方式表述为

$$u = \begin{cases} u_{\text{bal}}, & \|\alpha| - \pi| \leqslant 20^\circ \\ u_{\text{swing\_up}}, & \|\alpha| - \pi| > 20^\circ \end{cases} \quad (2.48)$$

式中，α 为图 2.43 中摆杆的摆角；u_{bal} 为稳摆控制律；$u_{\text{swing\_up}}$ 为起摆控制律。

2. 实验练习

实验内容：

设计如图 2.44 所示的 Simulink 模型，实现倒立摆系统的起摆与稳摆控制。其中起摆控制子系统实现的是本节描述的能量控制。（可参考系统提供的 Simulink 模型 "q_qube2_swingup.mdl"）

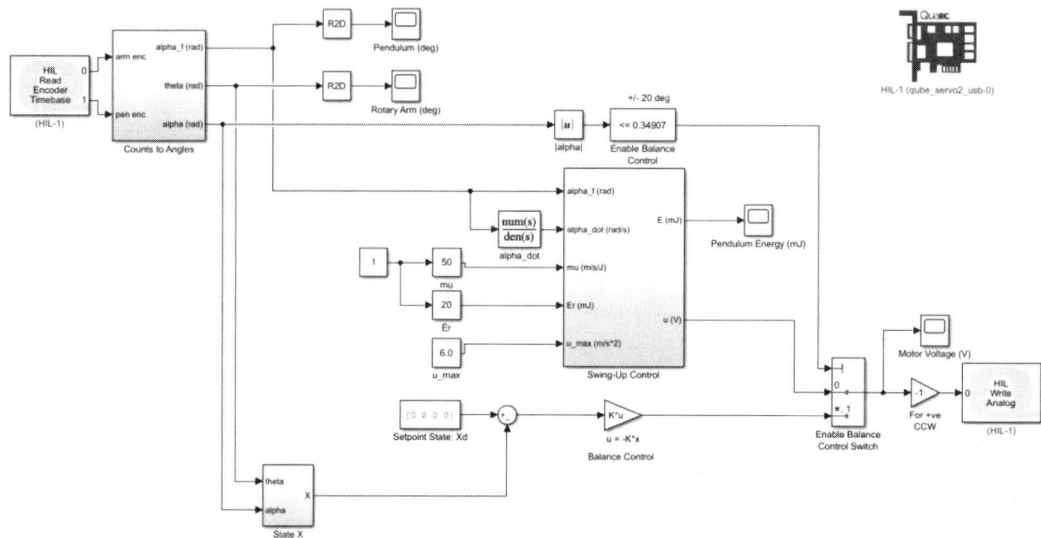

图 2.44 摆杆起摆与稳摆控制的 Simulink 模型

1）能量控制

实验步骤：

（1）打开系统提供的 Simulink 模型 "q_qube2_swingup.mdl"。

（2）运行脚本文件 "setup_qube_rotpen.m"，加载旋转倒立摆状态空间模型矩阵。

（3）在 Simulink 图中，将 "mu" 滑动增益模块设置为 0，暂停起摆控制。

（4）编译、连接并运行 QUARC 控制器。

（5）手动将摆杆旋转至不同的位置，观察示波器中摆杆位于不同角度时能量的变化情况。记录摆杆平衡时的能量（垂直直立位置），确认该能量值是否与本节给出的势能公式相符？

（6）单击 "停止" 按钮，使摆杆恢复到初始向下的位置。

（7）设置起摆控制子系统的控制器参数：mu = 50 m/s/J，Er = 10.0 mJ，u_max = 6 m/s^2。

（8）重新编译、连接并运行 QUARC 控制器。

（9）如果摆杆不动，用手轻轻拨动摆杆，使它转动。

（10）在 20.0～30.0 mJ 范围内设置设定能量 E_r 的值，观察不同 E_r 值情况下摆杆角度和能量的响应，同时观察控制信号的变化情况。分析 E_r 的取值对系统响应性能的影响。

（11）取 $E_r = 20.0$ mJ，将起摆控制增益 "mu" 在 20～60 m/s/J 之间调节。分析 "mu" 参数对能量控制性能的影响。

（12）结束 QUARC 控制器的运行。

2）起摆-稳摆控制

实验步骤：

在能量控制实验基础上，执行下列步骤。

（1）设置起摆控制的控制器参数：mu = 20 m/s/J，u_max = 6 m/s^2。

（2）根据上述能量控制实验的观察结果，设置合适的设定能量 E_r 值。

（3）摆杆保持向下静止的状态，确保编码器电缆对摆杆运动没有影响。

（4）编译、连接并运行 QUARC 控制器。

（5）摆杆最初应该来回摆动，如果不动，可以用手轻轻拨动它。**如果摆杆控制不稳定，立刻单击"停止"按钮，结束控制器的运行。**

（6）逐渐增大起摆控制增益 μ（"mu"滑动增益模块）直到摆杆摆动到垂直向上位置。捕捉起摆控制响应，并记录相应的起摆增益。给出摆角、摆杆能量及电机电压响应。

（7）结束 QUARC 控制器的运行。

（8）如不在 QUBE-Servo 2 上进行其他实验，设备断电。

2.2.14　最优 LQR 控制

1．LQR 控制

LQR（线性二次型调节器）方法是现代控制理论中一种成熟的最优控制设计方法，该方法可用于求解状态线性反馈的最优控制律。本实验将采用 LQR 方法确定旋转倒立摆稳摆控制器的参数。

最优 LQR 控制问题就是确定控制律 u，使得二次型性能指标或代价函数 J 最小。

$$J = \int_0^\infty (\boldsymbol{x}_{\text{ref}} - \boldsymbol{x}(\boldsymbol{t}))^{\text{T}} \boldsymbol{Q} (\boldsymbol{x}_{\text{ref}} - \boldsymbol{x}(\boldsymbol{t})) + \boldsymbol{u}(\boldsymbol{t})^{\text{T}} \boldsymbol{R} \boldsymbol{u}(\boldsymbol{t}) \mathrm{d}t \qquad (2.49)$$

式中，$\boldsymbol{Q}$、$\boldsymbol{R}$ 分别为对状态偏移量和控制量的正定的加权矩阵，矩阵中某个元素值越大，其相应的状态偏移量或控制量所引起的损失就越大，从而对该状态偏移量和控制量的约束要求也就越高。

在 2.2.12 节的状态空间法建模实验中，通过对摆杆模型进行线性化处理，得到摆杆系统的状态方程为

$$\dot{\boldsymbol{x}} = \boldsymbol{Ax} + \boldsymbol{Bu}$$

定义状态向量

$$\boldsymbol{x} = [\theta \quad \alpha \quad \dot{\theta} \quad \dot{\alpha}]^{\text{T}} \qquad (2.50)$$

由于系统中只有一个控制变量，所以 R 是个标量。设参考信号 $\boldsymbol{x}_{\text{ref}} = [\theta_r \quad 0 \quad 0 \quad 0]^{\text{T}}$，实现最小综合性能指标 J 的控制律为

$$\boldsymbol{u} = \boldsymbol{K}(\boldsymbol{x}_{\text{ref}} - \boldsymbol{x}) = \boldsymbol{k}_{\text{p},\theta}(\theta_r - \theta) - \boldsymbol{k}_{\text{p},\alpha}\alpha - \boldsymbol{k}_{\text{d},\theta}\dot{\theta} - \boldsymbol{k}_{\text{d},\alpha}\dot{\alpha} \qquad (2.51)$$

这是一种状态反馈控制，与稳摆控制实验中的 PD 控制类似，其方框图如图 2.45 所示。

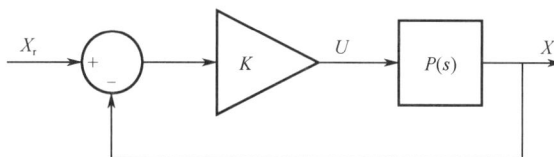

图 2.45　旋转倒立摆平衡状态反馈控制方框图

2. 实验练习

实验内容：

设计如图 2.46 所示的 Simulink 模型，运用 LQR 方法生成控制器增益 **K**，并运用该控制器增益实现倒立摆的稳摆控制。（可参考系统提供的 Simulink 模型"q_qube2_bal_lqr.mdl"）

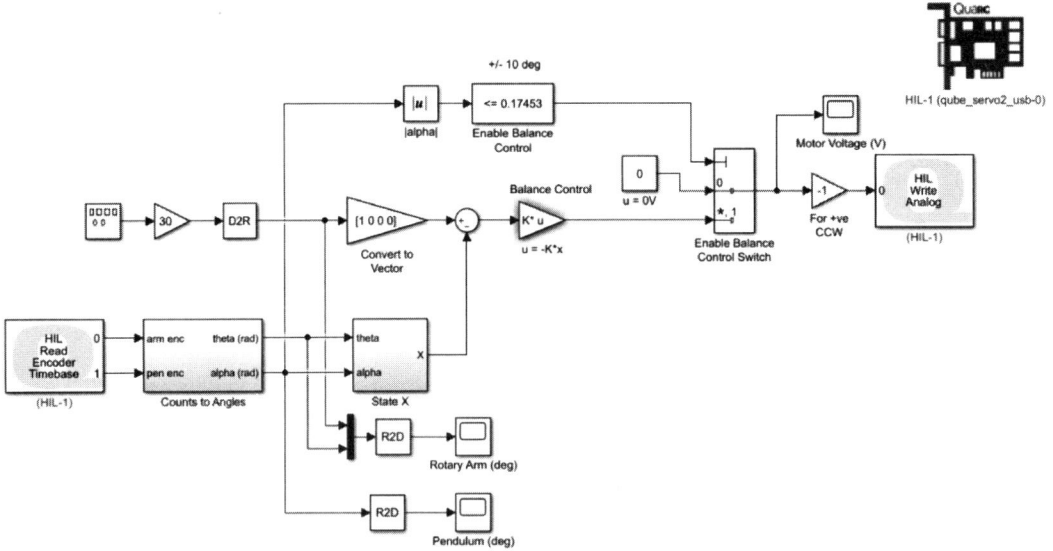

图 2.46　基于 LQR 的稳摆控制的 Simulink 模型

在 Matlab 中，有已封装好的 LQR 求解器代码，只要给出系统状态方程中的 **A**、**B** 矩阵，以及加权矩阵 **Q**、**R**，lqr 函数就能够自动计算出反馈控制增益。本实验将探讨当状态空间模型确定、**R** 固定为 1 时，改变加权矩阵 **Q** 对代价函数 *J* 的影响。

1）LQR 控制设计

实验步骤：

（1）在 Matlab 中，运行脚本文件"setup_qube2_rotpen.m"，加载旋转倒立摆状态空间模型矩阵 **A**、**B**、**C**、**D**。**A**、**B** 矩阵在命令窗口显示如下：

```
A =
         0          0     1.0000          0
         0          0          0     1.0000
         0   149.2751    -0.0104          0
         0   261.6091    -0.0103          0
B =
         0
         0
   49.7275
   49.1493
```

（2）使用 eig 函数寻找系统的开环极点。简述开环极点位置特点及对系统性能的影响。

（3）使用带有加载模型和加权矩阵的 lqr 函数得到控制器增益 **K**。**Q**、**R** 取值如下：

$$Q = \begin{bmatrix} 1 & 0 & 0 & 0 \\ 0 & 1 & 0 & 0 \\ 0 & 0 & 1 & 0 \\ 0 & 0 & 0 & 1 \end{bmatrix}, \quad R = 1$$

给出产生的控制增益 K 的值。

提示：Matlab 中利用 lqr 函数计算控制器增益 K 的程序脚本如下：

```
Q = eye(4,4);
R = 1;
K = lqr(A,B,Q,R)
```

（4）更改 LQR 加权矩阵，生成新的控制增益值：

$$Q = \begin{bmatrix} 5 & 0 & 0 & 0 \\ 0 & 1 & 0 & 0 \\ 0 & 0 & 1 & 0 \\ 0 & 0 & 0 & 1 \end{bmatrix}, \quad R = 1$$

记录新产生的控制增益值。根据上述对 LQR 问题代价函数的描述，说明改变 $Q(1,1)$ 对控制增益的影响。

2）基于 LQR 的稳摆控制

实验步骤：

（1）运行脚本文件"setup_qube2_rotpen.m"。

（2）参照旋转倒立摆测量模型实验的 Simulink 模型，构建图 2.46 中的控制器，主要工作包括：

- "Counts to Angles"子系统与倒立摆测量模型实验中的功能模块相同，将编码器计数值转换为弧度。按照式（2.50）构建状态向量 x，在图 2.46 中，它包含在"State X"子系统中。采用微分环节与低通滤波器 $50s/(s+50)$ 计算角速度 $\dot{\theta}$、$\dot{\alpha}$。
- 添加必要的"Sum"和"Gain"模块以实现式（2.51）所示的状态反馈控制。由于控制增益是向量，要注意将增益模块配置为可进行矩阵相乘的形式。
- 添加"Signal Generator"模块，以产生可调节的期望的旋转臂转角。为了生成一个参考状态，模型中还必须包含一个[1 0 0 0]的增益模块。

（3）加载实验 1）中步骤（3）得到的增益，确认 Matlab 工作区中变量 K 被设置为该值。

（4）设置信号发生器模块，使其产生振幅为 1、频率为 0.125 Hz 的方波信号。

（5）将连接到"Signal Generator"模块的增益模块设置为 0。

（6）编译、连接并运行 QUARC 控制器。

（7）手动将摆杆旋转至直立位置，此时控制器开始工作。

（8）一旦摆杆平衡，就将增益设置为 30，以控制旋转臂在-30°～+30°之间转动。示波器显示曲线应该如图 2.47 所示。在实验报告中附屏幕截取的旋转臂、摆杆的位置响应及控制电压曲线。

（9）加载实验 1）中步骤（4）得到的增益，确认 Matlab 工作区中变量 K 被设置为该值。

（10）单击 Edit | Update Diagram（或按 CTRL + D）。

说明：如果 Simulink 模型不变，仅仅改变模块的参数值，无须重新编译。

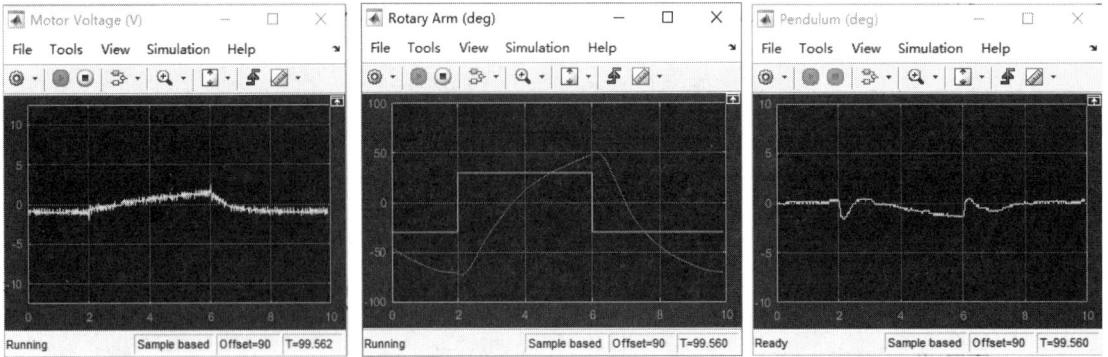

| （a）电机控制电压 | （b）旋转臂转角响应 | （c）摆杆倒摆角响应 |

图 2.47 旋转倒立摆稳摆控制响应

（11）连接并运行 QUARC 控制器，观察并分析旋转臂转角及倒摆角的响应变化。

（12）调整矩阵 Q 的对角线元素，以减小倒摆角在旋转臂转角变化时的偏转量（超调量）。对寻找合适控制增益的实验过程进行描述。

（13）给出较好控制结果下的 Q 矩阵和控制增益 K 。附上该控制增益下的响应曲线，并概述响应的变化情况。

（14）结束 QUARC 控制器的运行。

（15）如不在 QUBE-Servo 2 上进行其他实验，设备断电。

第3章 SRV02 旋转伺服基本单元

3.1 系统介绍

3.1.1 系统结构

Quanser SRV02 旋转伺服基本单元如图 3.1 所示。该装置的主体为一个铝质框架，所有部件都安装在框架的上基板上。SRV02 包含一个直流电机，该电机通过减速箱驱动外部齿轮转动。SRV02 配有 3 个传感器：转速计、编码器、电位器，其中，电位器与编码器用于测量负载齿轮的角位置，而转速计用于测量直流电机的转速。

图 3.1 SRV02 旋转伺服基本单元

SRV02 基本组件见表 3.1，图 3.2 标注了对应的各个组件。

表 3.1 SRV02 基本组件

序　　号	组 件 名 称	序　　号	组 件 名 称
1	上基板	12	电位器
2	底板	13	编码器
3	支柱	14	转速计
4	电机驱动齿轮（24 齿）	15	滚珠轴承模块
5	负载齿轮（72 齿）	16	电机控制接线端口
6	负载齿轮（120 齿）	17	转速计信号端口
7	电位器消隙齿轮	18	编码器信号端口

序　号	组 件 名 称	序　号	组 件 名 称
8	消隙弹簧	19	S1&S2 端口
9	加载轴	20	条状惯性负载
10	电机	21	盘状惯性负载
11	齿轮箱	22	指旋螺钉

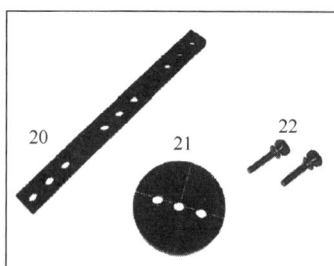

图 3.2　SRV02 组件标注图

SRV02 旋转伺服基本单元可以单独使用进行多个实验，也可以作为一些附加模块，如杆球系统、柔性关节、柔性尺等的基础单元来使用。

3.1.2　主要部件及技术参数

（1）直流电机

SRV02 采用 Faulhaber 2338S006 型无芯直流电机（永磁式），该电机具有高效率、低电感的特征，与常规直流电机相比响应速度更快。

■注：① 作用于电机的高频信号将会损坏齿轮箱电机和电机电刷。高频输入最可能来自微分反馈。为了保护电机，需要将输入信号的频率（特别是微分反馈）限制在 50 Hz 以下；

② 最大电机输入电压为±15 V，峰值电流为 3 A，连续电流为 1 A；

③ 电机是暴露的运动部件。

（2）转速计

SRV02 中的转速计型号为 Faulhaber 2356，转速计直接安装在直流电机上，这一安装方式能够减小响应延迟时间，提高精确测量的速度。电机与转速计的外部接线图如图 3.3 所示。4-pin DIN 端口将经功率放大器放大后的转速控制电压接到电机的控制端（红色：+，黑色：-），6-pin mini DIN 端口将转速计的测量信号引出（褐色：+，白色：-），该测量信号与电机转速成正比。

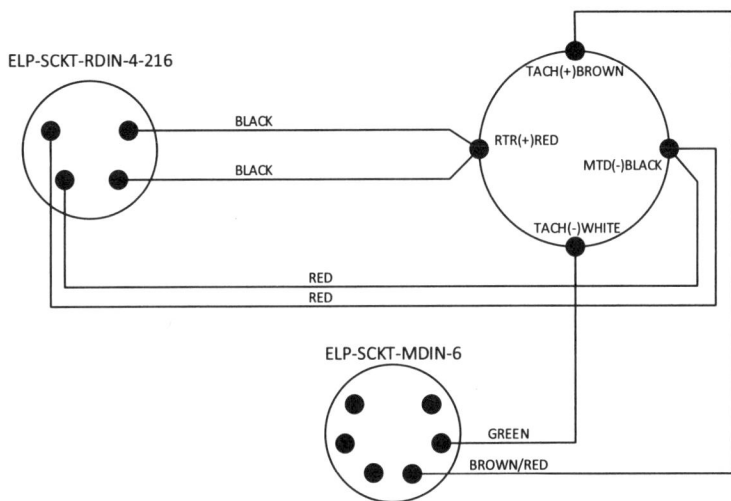

图 3.3　电机与转速计的外部接线图

（3）编码器

SRV02 中安装了一个用于测量负载轴角位置的 US Digital S1 型单端光学轴角编码器，该编码器具有正交模式下每转 4096 个脉冲的精度（每转 1024 线）。编码器输出的位置信号通过标准 5 芯电缆可以直接连接到数据采集设备，SRV02 中编码器与 5-pin DIN 端口的连线图如图 3.4 所示。

■注意：编码器输出信号直接连到数据采集设备。**不要将编码器信号连接到放大器。**

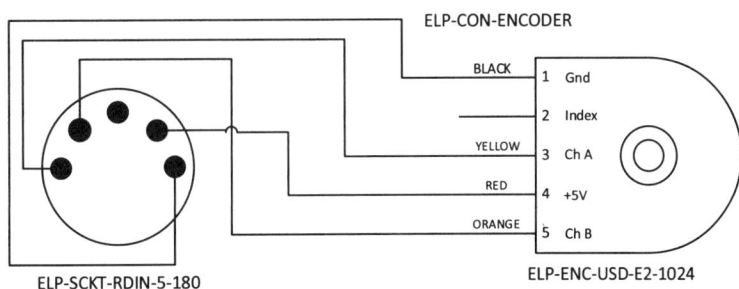

图 3.4　编码器与 5-pin DIN 端口的连线图

（4）电位器

SRV02 装有一个 Vishay Spectrol Model 132 型电位器，这是一个没有物理限位的单圈 10 kΩ 的传感器，电气角度 352 度。对应 0～352 度，传感器的输出电压范围为−5～5 V。

■注意：该电位器输出的是绝对位置测量信号。

图 3.5 为电位器与 6-pin DIN 端口的接线图，通过两个 7.15 kΩ 的偏置电阻，电位器被连接到±12 V 的直流供电电源上。正常工况下，端子 1 应该测得−5 V，端子 3 应该测得 5 V。实际位置信号可在端子 2 测得。

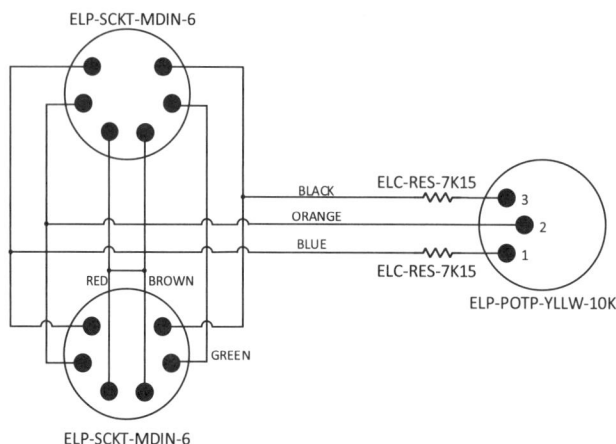

图 3.5　电位器与 6-pin DIN 端口的连线图

（5）齿轮传动装置

SRV02 伺服基本单元齿轮箱的传动比为 14，外部齿轮传动比为 5（电机驱动齿轮 24 齿，负载齿轮 120 齿），故整个齿轮传动系统的传动比为 70。

（6）负载

SRV02 提供了 2 个外部负载：1 个条状负载、1 个盘状负载，将其安装在 SRV02 负载齿轮上，可以用来改变输出端的转动惯量。条状负载、盘状负载安装在 SRV02 上的效果如图 3.6 所示，条状负载的中间及末端都有安装孔。

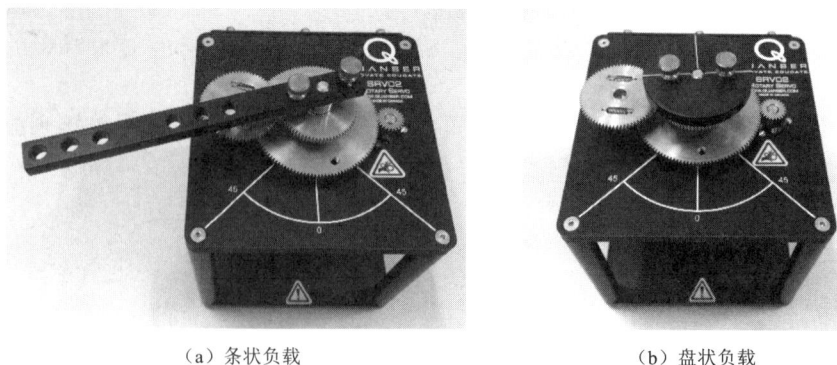

（a）条状负载　　　　　　　　　　　　（b）盘状负载

图 3.6　SRV02 上安装负载的效果图

表 3.2 给出了 SRV02 的主要技术参数，其中部分参数在后续建模实验中将会用到。齿轮传动系统参数见表 3.3，传感器技术参数见表 3.4。

表 3.2　SRV02 主要技术参数

符　号	参　数	值
V_{nom}	额定电压	6.0 V
R_m	电枢电阻	2.6 Ω
L_m	电枢电感	0.18 mH
k_t	转矩常数	7.68×10^{-3} N·m/A
k_m	反电动势常数	7.68×10^{-3} V/(rad/s)
k_g	齿轮传动比	70
η_m	电机效率	0.69
η_g	变速箱效率	0.90
$J_{m,rotor}$	转子转动惯量	3.90×10^{-7} kg·m²
J_{tach}	转速计转动惯量	7.06×10^{-8} kg·m²
J_{eq}	空载等效转动惯量	2.087×10^{-3} kg·m²
B_{eq}	等效黏性摩擦系数	0.015 N·m/(rad/s)
m_b	条状负载质量	0.038 kg
L_b	条状负载长度	0.1525 m
m_d	盘状负载质量	0.04 kg
r_d	盘状负载半径	0.05 m
m_{max}	最大负载	5 kg
f_{max}	最大输入电压频率	50 Hz
I_{max}	最大输入电流	1 A
ω_{max}	最大电机转速	628.3 rad/s

表 3.3　齿轮传动系统参数

符　号	参　数	值
K_{gi}	齿轮箱传动比	14
K_{ge}	外部齿轮传动比	5
m_{24}	24 齿齿轮质量	0.005 kg
m_{72}	72 齿齿轮质量	0.030 kg
m_{120}	120 齿齿轮质量	0.083 kg
r_{24}	24 齿齿轮半径	6.35×10^{-3} m
r_{72}	72 齿齿轮半径	0.019 m
r_{120}	120 齿齿轮半径	0.032 m

表 3.4　传感器技术参数

符　号	参　数	值
K_{pot}	电位器灵敏度	35.2 deg/V
K_{enc}	编码器灵敏度	4096 计数/转
K_{tach}	转速计灵敏度	1.50 V/k_{RPM}

3.1.3　设备连接

SRV02 与功率放大器及数据采集板的连接电缆如表 3.5 所示（并非每个实验都要用到所有电缆）。

表 3.5　设备连接电缆

电 缆 类 型	型　号	电 缆 类 型	型　号
RCA 电缆	2×RCA to 2×RCA	电机电缆	6-pin DIN to 4-pin DIN
编码器电缆	5-pin stereo DIN to 5-pin stereo DIN	模拟电缆	6-pin mini DIN to 6-pin mini DIN
5-pin DIN to 4×RCA	5-pin DIN to 4×RCA		

■**注意**：硬件装配与连接须在断电情况下进行！

本实验使用的硬件设备如下：

功率放大器：VoltPAQ-X1、VoltPAQ-X2，或类似产品。

数据采集板：Q1-cRIO、Q2-USB、Q8-USB，或类似产品。

旋转伺服部件：SRV02、SRV02-ET、SRV02-ETS，或类似产品。

■**注意**：当使用 VoltPAQ-X1 等型号功率放大器时，为了保证电机安全，**应将功率放大器的增益设置为1！**

下面介绍 SRV02 设备与数据采集板、功率放大器连接的几种典型方式。

1.　数据采集板 Q1-cRIO，功率放大器 VoltPAQ-X1

当采用 Q1-cRIO 型数据采集板、VoltPAQ-X1 型功率放大器时，旋转伺服基本单元控制系统的硬件接线方式见表 3.6，接线图如图 3.7 所示。此方式下没有使用电位器。

表 3.6　旋转伺服基本单元控制系统的硬件接线方式（采用 Q1-cRIO、VoltPAQ-X1）

线　号	起 始 端 口	终 止 端 口	信 号 说 明	电 缆 型 号
1	数据采集板：DAC #0	功率放大器：Amplifier Command 端口	将数据采集板 AO 0 端口输出的控制信号送到功率放大器	RCA 电缆：2×RCA to 2×RCA
2	功率放大器：To Load 端口	SRV02：Motor 端口	将放大后的控制电压施加到 SRV02 直流电机的控制端	电机电缆：6-pin DIN to 4-pin DIN

线　号	起 始 端 口	终 止 端 口	信 号 说 明	电 缆 型 号
3	SRV02： Encoder 端口	数据采集板： Encoder Input #0	SRV02 负载轴角测量	编码器电缆： 5-pin stereo DIN to 5-pin stereo DIN
4	功率放大器： To ADC 端口	数据采集板： S2（白色）到 ADC #0	将 SRV02 上的转速计测量信号送到数据采集板的 AI 通道#0	5-pin DIN to 4×RCA
5	SRV02： Tach 端口	功率放大器： S1 & S2 端口	直流电机转速测量	模拟电缆： 6-pin mini DIN to 6-pin mini DIN

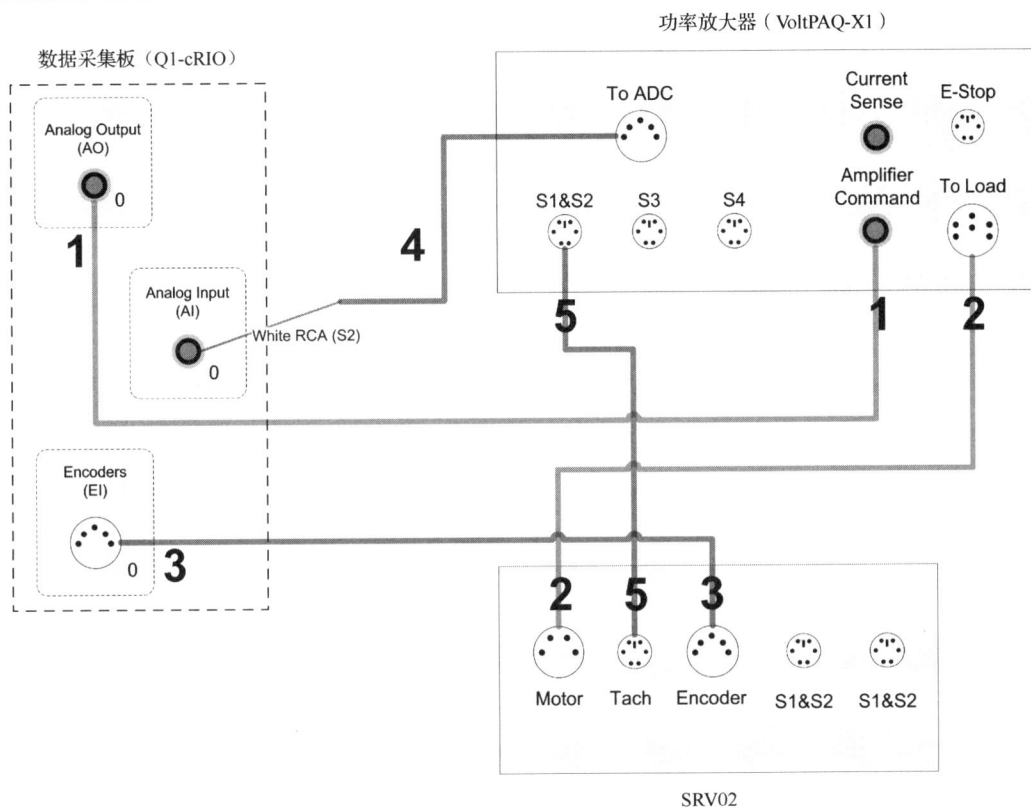

图 3.7　旋转伺服基本单元控制系统的硬件接线图

2. 数据采集板 Q2-USB，功率放大器 VoltPAQ-X1

当采用 Q2-USB 型数据采集板、VoltPAQ-X1 型功率放大器时，旋转伺服基本单元控制系统的硬件接线方式见表 3.7，接线图如图 3.8 所示。

表 3.7　旋转伺服基本单元控制系统的硬件接线方式（采用 Q2-USB、VoltPAQ-X1）

线　号	起 始 端 口	终 止 端 口	信 号 说 明	电 缆 型 号
1	数据采集板： DAC #0	功率放大器： Amplifier Command 端口	将数据采集板 AO 0 端口输出的控制信号送到功率放大器	RCA 电缆： 2×RCA to 2×RCA

线 号	起 始 端 口	终 止 端 口	信 号 说 明	电 缆 型 号
2	功率放大器： To Load 端口	SRV02： Motor 端口	将放大后的控制电压施加到 SRV02 直流电机的控制端	电机电缆： 6-pin DIN to 4-pin DIN
3	SRV02： Encoder 端口	数据采集板： Encoder Input #0	SRV02 负载轴角测量	编码器电缆： 5-pin stereo DIN to 5-pin stereo DIN
4	功率放大器： To ADC 端口	数据采集板： S1（黄色）到 ADC #0 S2（白色）到 ADC #1	将 SRV02 上电位器与转速计的 测量信号分别送到数据采集板的 AI #0 与 AI #1	5-pin DIN to 4×RCA
5	SRV02： Tach 端口	SRV02： S1 & S2 端口	将电位器测量信号（S1）与转速 计测量信号（S2）合并	模拟电缆： 6-pin mini DIN to 6-pin mini DIN
6	SRV02： S1 & S2 端口	功率放大器： S1 & S2 端口	将电位器测量信号（S1）与转速 计测量信号（S2）送到功率放大器	模拟电缆： 6-pin mini DIN to 6-pin mini DIN

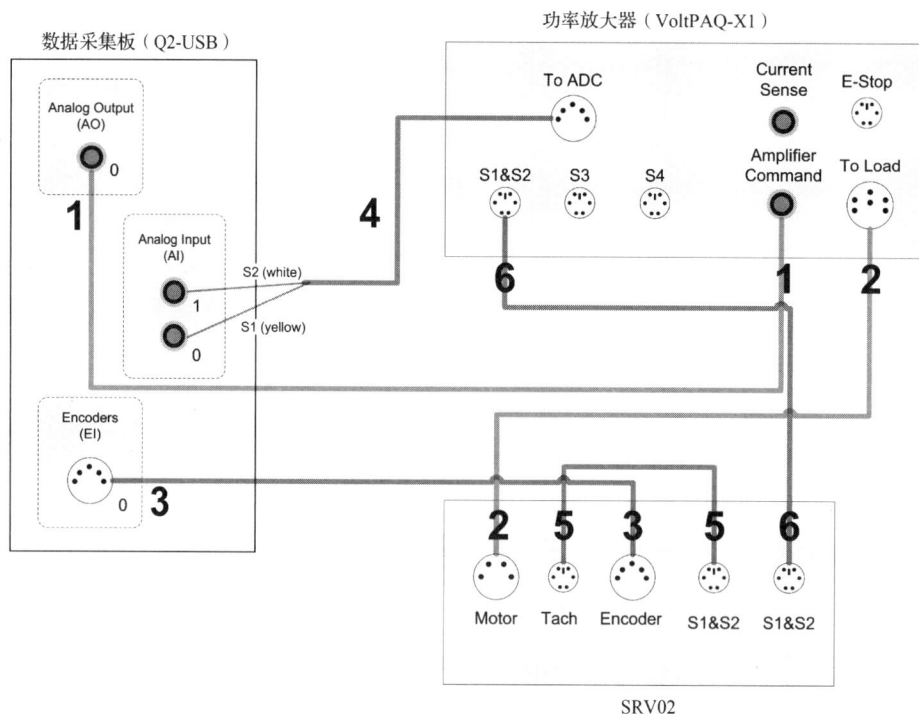

图 3.8　旋转伺服基本单元控制系统的硬件接线图

3. 数据采集板 Q2-USB，功率放大器 VoltPAQ-X2

当采用 Q2-USB 型数据采集板、VoltPAQ-X2 型功率放大器时，旋转伺服基本单元控制系统的硬件接线方式同样见表 3.7，接线图如图 3.9 所示。多通道设备的连线方式可参考该方案。

■注意：使用多通道功率放大器，比如 VoltPAQ-X2 时，需要启用使能端控制和紧急停止开关连接。

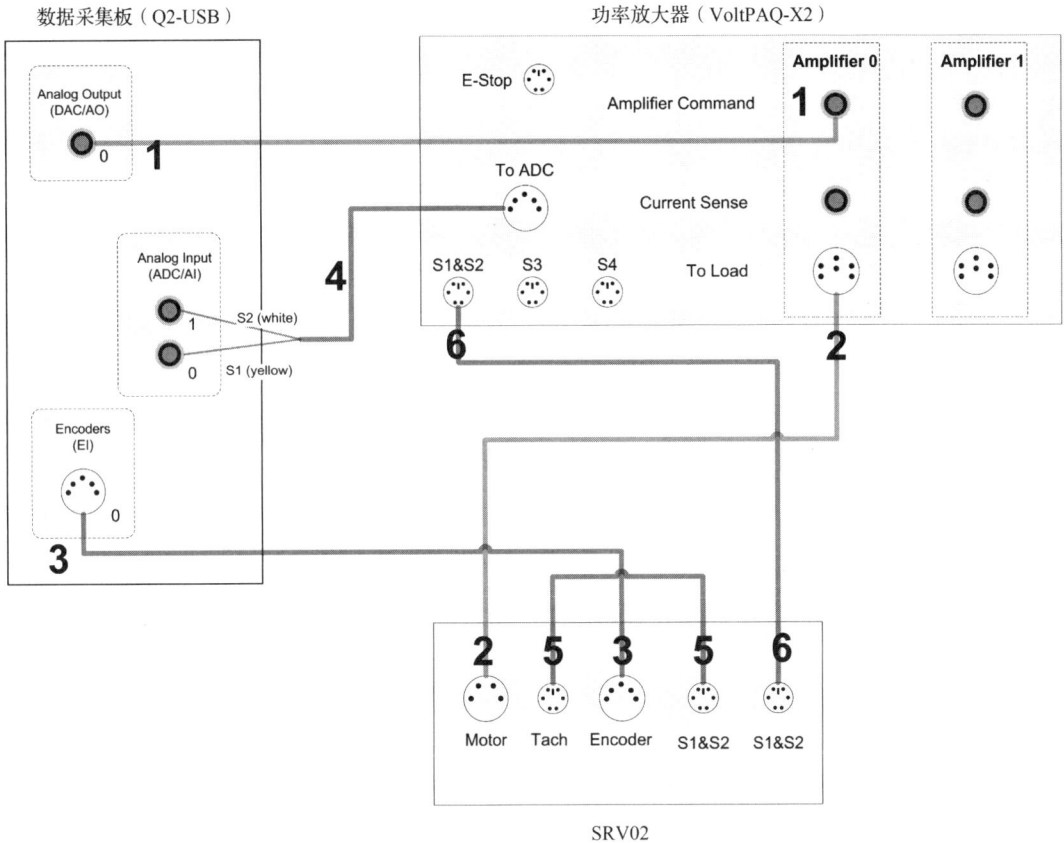

图 3.9   旋转伺服基本单元控制系统的硬件接线图

3.1.4   部件测试与故障诊断

为了保证 SRV02 系统能够正常运行，需要对其主要部件进行单独的功能测试，测试的最好方法是使用 QUARC 或 LabVIEW 等软件。通过上述软件给电机提供电压，并获取传感器的测量值（假设 SRV02 已经按照 3.1.3 节描述的方式进行了设备连接）。当然，利用信号发生器和示波器也可以进行测试。

（1）电机

SRV02 电机测试步骤如下：

① 使用 QUARC 软件，将电压施加到数据采集板的 DAC #0。

② 当施加一个正电压时，电机驱动齿轮（图 3.2 中的组件 4）应逆时针旋转；当施加一个负电压时，应顺时针旋转。电机轴和负载轴旋转方向相反。

如果电机不能正确响应电压信号，则按照以下步骤进行检查：

① 检查功率放大器工作是否正常，VoltPAQ 设备的绿色 LED 指示灯是否亮。

② 检查数据采集板是否工作正常，如连接是否正确，保险丝是否烧毁。

③ 确保电压已加到电机控制端，使用电压表测量。

④ 如果电机控制端已有电压信号，但电机仍然不转动，则电机可能被损坏。

（2）电位器

SRV02 电位器测试步骤如下：

① 使用 QUARC 软件，测量数据采集板的 ADC#0。

② 当负载齿轮（图 3.2 中组件 6）逆时针旋转时，电位器应输出一个正电压。随着负载齿轮不断旋转，测量值的变化规律为：逐渐增加到 5 V（间断点），然后跳变至-5 V，再继续增大至 5 V……

如果电位器不能正确测量，则按照以下步骤进行检查：

① 检查功率放大器工作是否正常，VoltPAQ 设备的绿色 LED 指示灯是否亮。

② 检查数据采集板是否工作正常，连接是否正确，保险丝是否烧毁。

③ 测量电位器的端电压。确保电位器通过 6-pin mini DIN 端口提供±12 V 电压，电位器工作电压为±5V。当负载旋转时，电位器输出电压为-5～5 V，如果触点电压不变，则电位器需要更换。

（3）转速计

SRV02 转速计测试步骤如下：

① 将 2.0 V 电压施加到数据采集板的 DAC #0，以驱动电机。

② 测量数据采集板 ADC #1 的转速计输出值，当电机控制电压为 2.0 V 时，转速计测量值约为 3.0 V。

如果测量不到转速计输出信号，则按照以下步骤进行检查：

① 检查功率放大器工作是否正常，VoltPAQ 设备的绿色 LED 指示灯是否亮。

② 检查数据采集板是否工作正常，连接是否正确，保险丝是否烧毁。

③ 测量转速计输出电压。来回转动负载齿轮，测量转速计输出电压是否变化？如果没有变化，则需要更换转速计。

（4）编码器

SRV02 编码器测试步骤如下：

① 使用 QUARC 软件，测量 Encoder Input #0。

② 旋转 SRV02 负载齿轮（图 3.2 中组件 5）一周时，编码器在正交模式下测得的脉冲数应为 4096。

如果编码器不能正确测量，则按照以下步骤进行检查：

① 检查数据采集板是否工作正常，连接是否正确，保险丝是否烧毁。

② 检查编码器 A、B 通道输出信号是否正确并且确保送到数据采集设备。使用示波器测量 A、B 通道信号，应测得两个相位差为 90 度的方波信号。如果不符合要求，则编码器可能被损坏。

3.2 SRV02 建模

本实验要求运用机理法和实验的方法建立 SRV02 旋转伺服基本单元的速度控制模型，并对几种方法得到的模型进行分析比较。

SRV02 旋转伺服基本单元的电枢电压-负载轴转速过程传递函数为

$$\frac{\Omega_l(s)}{V_m(s)} = \frac{K}{Ts+1} \tag{3.1}$$

式中，$\Omega_l(s) = \mathcal{L}[\omega_l(t)]$，为负载轴转速的拉氏变换；

$V_m(s) = \mathcal{L}[v_m(t)]$，为电枢电压的拉氏变换；

K 为过程的放大系数，T 为过程的时间常数。

3.2.1 机理法建模

SRV02 直流电机电枢回路及齿轮传动机构如图 3.10 所示。

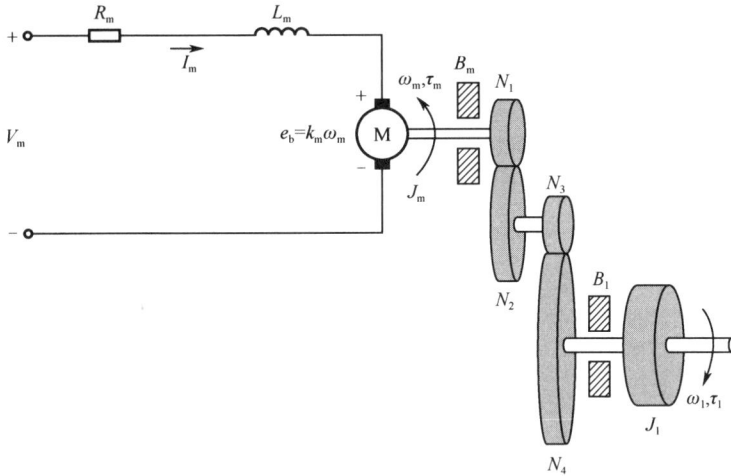

图 3.10　SRV02 直流电机电枢回路及齿轮传动机构

1. 电枢回路方程

在图 3.10 所示的电枢回路中，R_m 为电枢电阻，L_m 为电枢电感，k_m 为反电动势常数，e_b 为反电动势。电枢回路的电压平衡方程为

$$V_m(t) - R_m I_m(t) - L_m \frac{dI_m(t)}{dt} - k_m \omega_m(t) = 0 \tag{3.2}$$

由于电枢电感 L_m 远小于其电阻，可忽略其影响，故式（3.2）可简化为

$$V_m(t) - R_m I_m(t) - k_m \omega_m(t) = 0 \tag{3.3}$$

则电枢电流

$$I_m(t) = \frac{V_m(t) - k_m \omega_m(t)}{R_m} \tag{3.4}$$

2. 传动机构方程

对于 SRV02 单元的传动机构，其负载端转矩方程为

$$J_1 \dot{\omega}_1(t) + B_1 \omega(t) = \tau_1(t) \tag{3.5}$$

式中，J_1 为负载轴的转动惯量，B_1 为负载轴的黏性摩擦系数，$\tau_1(t)$ 为负载总转矩。

电机的电磁转矩方程为

$$J_m \dot{\omega}_m(t) + B_m \omega_m(t) + \tau_{ml}(t) = \tau_m(t) \tag{3.6}$$

式中，J_m 为电机轴的转动惯量，B_m 为电机轴的黏性摩擦系数，$\tau_m(t)$ 为电枢电流产生的电磁转矩，$\tau_{ml}(t)$ 为负载总转矩 $\tau_1(t)$ 折合到电机轴端的转矩值，即

$$\tau_{ml}(t) = \frac{\tau_1(t)}{\eta_g K_g} \tag{3.7}$$

式中，η_g 为变速箱效率，K_g 为齿轮比，$K_g = K_{gi} \cdot K_{ge} = \dfrac{N_2}{N_1} \cdot \dfrac{N_4}{N_3}$，所以电机轴转速 ω_m 与负载轴转速 ω_l 之间的关系为

$$\omega_m(t) = K_g \omega_l(t) \tag{3.8}$$

将式（3.5）、式（3.7）、式（3.8）代入式（3.6），整理得到负载轴转速 ω_l 相对于电机电磁转矩 τ_m 的运动方程

$$(\eta_g K_g^2 J_m + J_l)\dot{\omega}_l(t) + (\eta_g K_g^2 B_m + B_l)\omega_l(t) = \eta_g K_g \tau_m(t) \tag{3.9}$$

令

$$J_{eq} = \eta_g K_g^2 J_m + J_l \tag{3.10}$$

$$B_{eq} = \eta_g K_g^2 B_m + B_l \tag{3.11}$$

则式（3.9）可写成

$$J_{eq} \dot{\omega}_l(t) + B_{eq} \omega_l(t) = \eta_g K_g \tau_m(t) \tag{3.12}$$

3. 电枢电压-负载轴转速过程方程

电机的电磁转矩与电枢电流成正比

$$\tau_m(t) = \eta_m k_t I_m(t) \tag{3.13}$$

式中，η_m 为电机效率，k_t 为转矩常数。将式（3.8）代入式（3.4）并消去 ω_m，然后代入式（3.13）得

$$\tau_m(t) = \frac{\eta_m k_t (V_m(t) - k_m K_g \omega_l(t))}{R_m} \tag{3.14}$$

将式（3.14）代入式（3.12），整理得

$$J_{eq} \dot{\omega}_l(t) + \left(B_{eq} + \frac{\eta_m k_t \eta_g k_m K_g^2}{R_m} \right) \omega_l(t) = \frac{\eta_m k_t \eta_g K_g}{R_m} V_m(t) \tag{3.15}$$

令等效阻尼

$$B_{eq,v} = B_{eq} + \frac{\eta_m k_t \eta_g k_m K_g^2}{R_m}$$

执行器增益

$$A_m = \frac{\eta_m k_t \eta_g K_g}{R_m}$$

则式（3.15）可写成

$$J_{eq} \dot{\omega}_l(t) + B_{eq,v} \omega_l(t) = A_m V_m(t) \tag{3.16}$$

对式（3.16）求拉氏变换，得电枢电压-负载轴转速过程的传递函数为

$$\frac{\Omega_l(s)}{V_m(s)} = \frac{A_m}{J_{eq} s + B_{eq,v}} = \frac{\dfrac{A_m}{B_{eq,v}}}{\dfrac{J_{eq}}{B_{eq,v}} s + 1} = \frac{K}{Ts + 1} \tag{3.17}$$

式中，过程的时间常数 $T = \dfrac{J_{eq}}{B_{eq,v}}$，放大系数 $K = \dfrac{A_m}{B_{eq,v}}$。

将机理法建模得到的 T、K 值填入 3.2.3 节的表 3.9 中。

提示：A_m、$B_{eq,v}$、J_{eq} 计算涉及的参数值参见表 3.2。

$J_{eq} = \eta_g K_g^2 J_m + J_l$（式（3.10））中，$J_m$ 为电机轴的转动惯量，$J_m = J_{tach} + J_{m,rotor}$，$J_{tach}$、$J_{m,rotor}$ 分别为 SRV02 单元中转速计与直流电机转子的转动惯量。J_l 为负载轴的转动惯量，$J_l = J_g + J_{l,ext}$，J_g、$J_{l,ext}$ 分别为负载端齿轮系统与外部负载的转动惯量。$J_g = J_{24}\left(\dfrac{120}{24}\right)^2 + 2J_{72} + J_{120}$，$J_{24} = \dfrac{1}{2}m_{24}r_{24}^2$。假设外部负载为惯性圆盘，则 $J_{l,ext} = \dfrac{1}{2}m_d r_d^2$。

3.2.2　实验建模

实验内容：

通过测量 SRV02 单元在电压输入作用下负载轴的转速响应情况建立其电压-负载轴转速过程传递函数。采用两种实验建模方法：频率响应法、阶跃响应法。SRV02 模型测试的 Simulink 模型如图 3.11 所示。

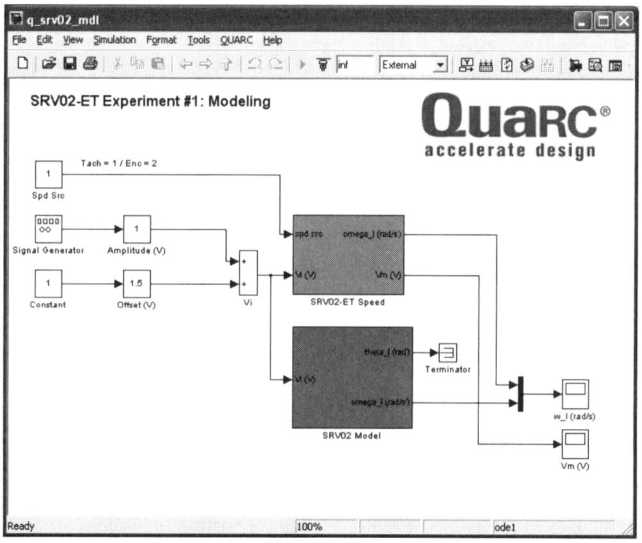

图 3.11　SRV02 模型测试的 Simulink 模型

3.2.2.1　频率响应法建模

实验步骤：

（1）打开系统提供的 Simulink 模型"q_srv02_mdl.mdl"，双击"SRV02-ET Speed"模块中的"HIL Initialize"模块，确认已配置为系统中使用的 DAQ 设备。

（2）打开脚本文件"setup_srv02_exp01_mdl.m"，对系统硬件进行配置，设置控制类型为"手动"。

"setup_srv02_exp01_mdl.m"脚本如下：

```
%%% SRV02 Configuration
% External Gear Configuration: set to 'HIGH' or 'LOW'
EXT_GEAR_CONFIG = 'HIGH';
```

```
% Encoder Type: set to 'E' or 'EHR'
ENCODER_TYPE = 'E';
% Is SRV02 equipped with Tachometer? (i.e. option T): set to 'YES' or 'NO'
TACH_OPTION = 'YES';
% Type of Load: set to 'NONE', 'DISC', or 'BAR'
LOAD_TYPE = 'DISC';
% Amplifier Gain: set VoltPAQ amplifier gain to 1
K_AMP = 1;
% Power Amplifier Type: set to 'VoltPAQ', 'UPM_1503', 'UPM_2405', or 'Q3'
AMP_TYPE = 'VoltPAQ';
% Digital-to-Analog Maximum Voltage (V)
VMAX_DAC = 10;
%
%% Lab Configuration
% Type of Controller: set it to 'AUTO', 'MANUAL'
MODELING_TYPE = 'AUTO';
% MODELING_TYPE = 'MANUAL';
```

运行此脚本，显示默认的 SRV02 模型参数，结果如下：

```
Calculated SRV02 model parameter:
    K = 1 rad/s/V
    tau = 0.1 s
```

（3）在 Simulink 图中，设置信号发生器模块，使其产生幅值为 1.0、频率为 0.0 Hz 的正弦信号。设置幅值增益模块"Amplitude"为 0 V，偏移模块"Offset"为 2.0 V，此时电机输入电压是幅值为 2.0V 的阶跃信号。

（4）打开电机控制电压示波器和负载轴转速示波器。

（5）编译、连接并运行 QUARC 控制器。此时 SRV02 的负载轴应该朝一个方向旋转，示波器的响应结果应该类似于图 3.12。在图 3.12（b）中，曲线①为实测负载轴转速，曲线②为 SRV02 模型产生的模拟速度响应。

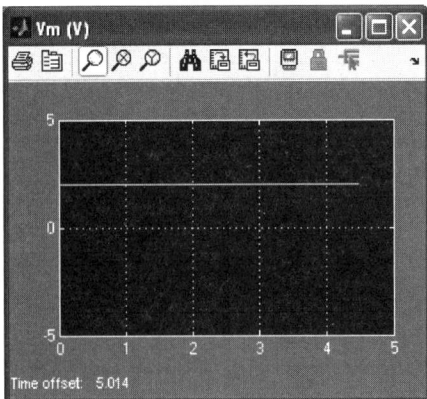

（a）直流电机控制电压（恒定输入）　　　　　（b）负载轴转速响应

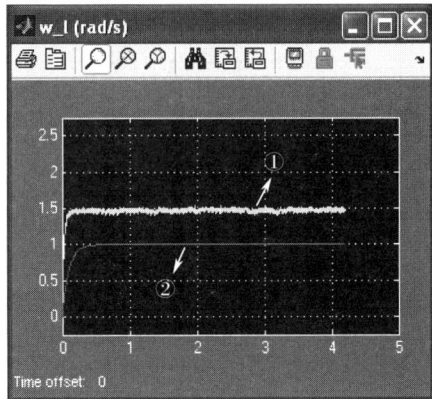

图 3.12　恒定电压输入下 SRV02 负载轴的转速响应

（6）结束 QUARC 控制器运行。

（7）测量负载轴的稳态转速，并将其记录在表 3.8 对应于 $f = 0$ Hz 的行中。

提示： 测量值可直接从示波器中得到，也可以通过设置示波器模块，将测量的负载转速保存到 Matlab 工作区的变量中。对于系统提供的 Simulink 模型，当控制器结束运行时，转速示波器中最后 5 s 的响应数据被保存到 Matlab 工作区的 wl 变量中。该变量具有以下结构：wl (:,1) 为时间向量，wl (:,2) 为实测转速，wl (:,3) 为模拟转速。有关数据保存及 Matlab 曲线绘制的方法，可以参考附录 A 中的 A.5 节。

（8）计算系统的稳态增益 $|G(\omega)|$ 和 $L(\omega)$（单位分别为 (rad/s)/V 和分贝（dB），$L(\omega) = 20 \lg |G(\omega)|$），并填入表 3.8 对应于 $f = 0$ Hz 的行中。将以 (rad/s)/V 为单位的稳态增益（放大系数）$|G(\omega)|$（记作 $K_{e,f}$）填入 3.2.3 节中的表 3.9。

（9）设置正弦信号频率 $f = 1$ Hz，幅值增益模块 "Amplitude" 为 2.0 V，偏移模块 "Offset" 为 0 V，此时电机输入电压是幅值为 2.0 V、频率为 1 Hz 的正弦信号。

（10）单击 Edit | Update Diagram（或按 CTRL + D），将修改的输入应用于 QUARC 控制器。

（11）连接并运行 QUARC 控制器。此时 SRV02 的负载轴应该平稳地正反旋转，示波器的响应结果应该类似于图 3.13。

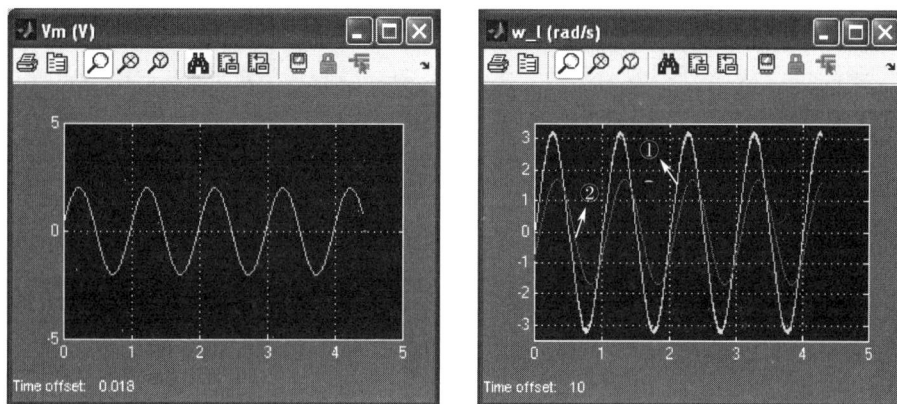

（a）直流电机控制电压（正弦输入）　　　　　　（b）负载轴转速响应（①-系统，②-模型）

图 3.13　正弦电压输入下 SRV02 负载轴的转速响应

（12）测量负载轴的最大正向转速，并计算系统的增益 $|G(\omega)|$ 和 $L(\omega)$，将上述测量值和计算值填入表 3.8 对应于 $f = 1$ Hz 的行中。

（13）针对表 3.8 中列出的频率要求，逐次修改 Simulink 图中信号发生器的正弦信号频率，并参照 $f = 1$ Hz 时的实验步骤，测量最大正向转速、计算增益，完成表 3.8 的填写。

（14）结束 QUARC 控制器的运行。

（15）如果不在 SRV02 上进行其他实验，设备断电。

（16）利用 Matlab 画图命令和表 3.8 中的数据生成一个 Bode 图（注意：选择以 dB 为单位的稳态增益值）。在绘制 Bode 图时，忽略 $f = 0$ Hz 行的数据，因为 0 的对数是没有定义的。

（17）从 Bode 图上找到截止频率并计算时间常数 $T_{e,f}$。在 Bode 图上标出最大增益以下 3 dB 的增益线，该增益线与 Bode 图的交点对应的频率为截止频率 ω_c。$T_{e,f} = \dfrac{1}{\omega_c}$，将时间常数 $T_{e,f}$ 的值填入 3.2.3 节的表 3.9 中。

提示： 可以使用 Matlab 中的 ginput 命令在曲线上取点测量。

表 3.8　负载轴转速的频率响应测量数据

序　号	f/Hz	幅值/V	最大负载转速/rad·s^{-1}	增益：$\|G(\omega)\|$/rad·s^{-1}·V^{-1})	增益：$L(\omega)$/dB
1	0.0	2.0			
2	1.0	2.0			
3	2.0	2.0			
4	3.0	2.0			
5	4.0	2.0			
6	5.0	2.0			
7	6.0	2.0			
8	7.0	2.0			
9	8.0	2.0			

3.2.2.2　阶跃响应法建模

实验步骤：

步骤（1）、（2）同频率响应法建模。

（3）在 Simulink 图中，设置信号发生器模块，使其产生幅值为 1.0、频率为 0.4 Hz 的方波信号。设置幅值增益模块"Amplitude"为 1.5 V，偏移模块"Offset"为 2.0 V（将幅值 1.5 V 的方波作为幅值 3.0 V 的阶跃信号使用）。

（4）打开电机控制电压示波器和负载轴转速示波器。

（5）编译、连接并运行 QUARC 控制器。此时 SRV02 的负载轴应该朝一个方向旋转，且转速在低速与高速间交替，示波器的响应结果应该类似于图 3.14。

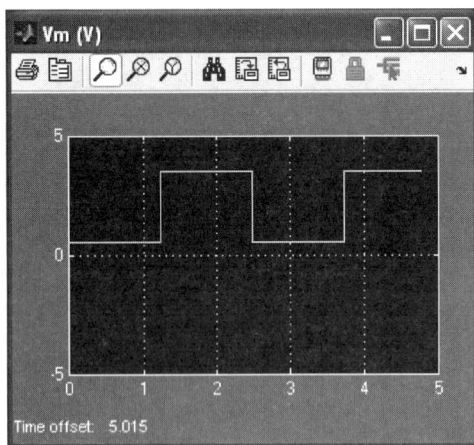

(a) 直流电机控制电压（方波输入）　　　　　(b) 负载轴转速响应（①-系统，②-模型）

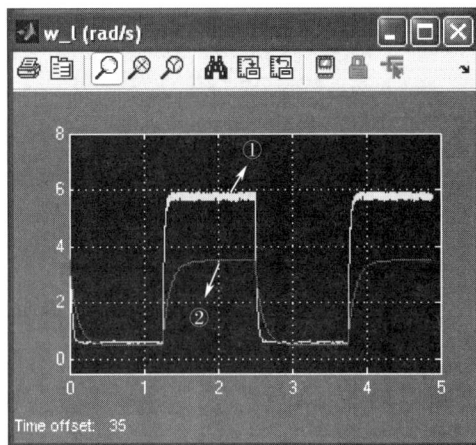

图 3.14　阶跃电压输入下 SRV02 负载轴的转速响应

（6）结束 QUARC 控制器的运行。

（7）测量负载轴的最大转速，根据负载轴的转速响应计算系统的放大系数（记作 $K_{e,b}$）和时间常数（记作：$T_{e,b}$），并将其填入 3.2.3 节的表 3.9 中。

（8）如果不在 SRV02 上进行其他实验，设备断电。

3.2.2.3 模型验证

验证上述机理法和实验法建模的准确性，根据建模得到的模型参数调整仿真模型的传递函数，使参数调整后的模型系统响应尽可能接近实际系统的响应。

实验步骤：

步骤（1）、（2）同频率响应法建模。

（3）在 Simulink 图中，设置信号发生器模块，使其产生幅值为 1.0、频率为 0.4 Hz 的方波信号。设置幅值增益模块"Amplitude"为 1.0 V，偏移模块"Offset"为 1.5 V。

（4）打开电机控制电压示波器和负载轴转速示波器。

（5）编译、连接并运行 QUARC 控制器，示波器的响应结果应该类似于图 3.15。此时模型采用的是默认参数：放大系数 $K = 1$ (rad/s)/V，时间常数 $T = 0.1$ s。

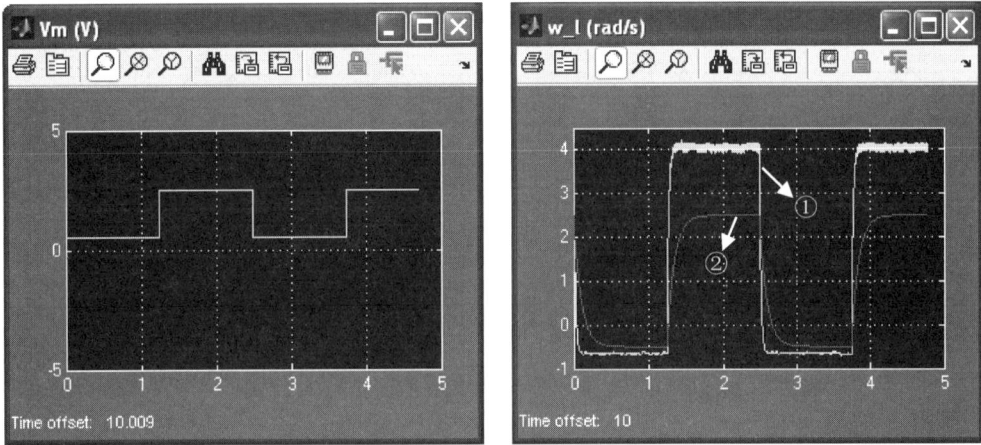

（a）直流电机控制电压（方波输入）　　（b）负载轴转速响应（①-系统，②-模型）
（默认模型参数：K=1(rad/s)/V，T=0.1 s）

图 3.15　阶跃电压输入下 SRV02 负载轴的转速响应

（6）结束 QUARC 控制器运行。

（7）取模型参数 $K = 1.25$ (rad/s)/V，重复上述实验，观察模型响应的变化情况。再取模型参数 $T = 0.2$ s，进行上述实验，观察模型响应的变化情况。分析放大系数和时间常数是如何影响系统响应的。

（8）将模型参数改为表 3.9 中机理法建模得到的参数值 K 和 T，重复上述实验，观察此时模型响应与实测负载轴转速的匹配程度。如果匹配效果不好，试着调整模型参数，直到模型响应能够很好地匹配实际系统响应。把调整好的参数值 $K_{e,v}$、$T_{e,v}$ 填入表 3.9 中。

（9）分析机理法建模存在误差的原因（至少 2 条）。

（10）模型参数分别采用表 3.9 中频率响应法和阶跃响应法得到的参数值 $K_{e,f}$、$T_{e,f}$ 和 $K_{e,b}$、$T_{e,b}$，重复上述实验。

（11）绘制三种模型参数下实测转速响应与模型转速响应的 Matlab 曲线。

（12）根据上述实验结果，分析比较机理法、频率响应法和阶跃响应法建模的准确性。

（13）如果不在 SRV02 上进行其他实验，设备断电。

3.2.3 建模结果

表 3.9 SRV02 建模结果总结

建模方法	模型参数	符 号	数 值	单 位
机理法	放大系数	K		
	时间常数	T		
频率响应法	放大系数	$K_{e,f}$		
	时间常数	$T_{e,f}$		
阶跃响应法	放大系数	$K_{e,b}$		
	时间常数	$T_{e,b}$		
模型验证	放大系数	$K_{e,v}$		
	时间常数	$T_{e,v}$		

3.3 SRV02 位置控制

3.3.1 系统设计指标

本实验要求采用 PID 算法设计 SRV02 负载轴角位置反馈控制系统，所设计的系统需满足以下性能指标：

稳态误差：$e_{ss} = 0$；

峰值时间：$t_p \leqslant 0.2\,\mathrm{s}$；

超调量：$\mathrm{PO} \leqslant 5\%$。

3.3.2 控制器设计

SRV02 旋转伺服基本单元的电机电枢电压-负载轴角位置过程传递函数为

$$P(s) = \frac{\Theta_1(s)}{V_m(s)} = \frac{K}{s(Ts+1)} \tag{3.18}$$

其位置单位反馈控制系统方框图如图 3.16 所示。

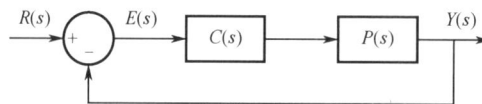

图 3.16 SRV02 位置单位反馈控制系统方框图

1. PV 控制器设计

SRV02 位置 PV 控制方框图如图 3.17 所示。与经典 PD 控制不同，PV 控制中的微分器是独立作用的，它能够根据被控参数变化的速度及时进行校正，使系统具有较快的响应速度。微分器通常与低通滤波器结合使用，用以抑制高频测量噪声。

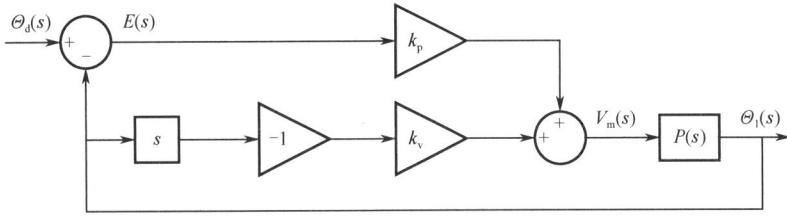

图 3.17　SRV02 位置 PV 控制方框图

PV 控制器的输出为

$$V_m(t) = k_p(\theta_d(t) - \theta_l(t)) - k_v\dot{\theta}_l(t) \tag{3.19}$$

式中，k_p 为比例增益，k_v 为速度增益；$\theta_d(t)$ 为设定负载轴角，$\theta_l(t)$ 为实测负载轴角，$V_m(t)$ 为电机控制电压。

SRV02 位置 PV 控制的闭环传递函数为

$$\frac{\Theta_l(s)}{\Theta_d(s)} = \frac{Kk_p}{Ts^2 + (1 + Kk_v)s + Kk_p} \tag{3.20}$$

误差的拉氏变换为 $E(s) = \Theta_d(s) - \Theta_l(s)$，将式（3.20）代入该式，整理得

$$E(s) = \frac{s(Ts + 1 + Kk_v)}{Ts^2 + (1 + Kk_v)s + Kk_p}\Theta_d(s) \tag{3.21}$$

当输入幅值为 R_0 的阶跃信号时，$\Theta_d(s) = R_0/s$，根据终值定理，可得系统的稳态误差为

$$e_{ss} = \lim_{s \to 0} sE(s) = 0$$

当输入斜率为 R_0 的斜坡信号时，$\Theta_d(s) = R_0/s^2$，同样根据终值定理，可得系统的稳态误差为

$$e_{ss} = \lim_{s \to 0} sE(s) = \frac{R_0(1 + Kk_v)}{Kk_p}$$

可见 PV 控制可以无差跟踪阶跃信号，有差跟踪斜坡信号（稳态误差为常值）。

在控制系统设计过程中，要考虑饱和问题。例如在 SRV02 位置控制系统中，计算机计算出控制量（数字量），通过数据采集设备的数-模转换端口转换成模拟控制电压 $V_{dac}(t)$，再经功率放大器将该电压放大 K_a 倍。如果放大后的电压 $V_{amp}(t)$ 大于放大器的最大输出电压或最大电机输入电压 V_{max}（两者之中取小），那么控制电压 $V_m(t)$ 在 V_{max} 时就达到饱和了。因此，在设计控制器时必须考虑到执行器的限制条件。对于 SRV02 旋转伺服基本单元，由其电机最大输入电压 $V_{max} = 10.0\,\text{V}$，所以 $V_m(t) \le 10.0\,\text{V}$。控制器增益限制模块如图 3.18 所示。

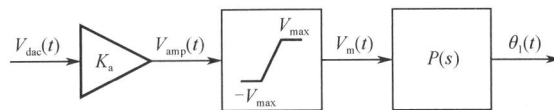

图 3.18　控制器增益限制模块

2. PIV 控制器设计

积分控制有利于消除稳态误差，SRV02 位置 PIV 控制方框图如图 3.19 所示。

PIV 控制器的输出为

$$V_m(t) = k_p(\theta_d(t) - \theta_l(t)) + k_i\int_0^t(\theta_d(t) - \theta_l(t))\mathrm{d}t - k_v\dot{\theta}_l(t) \tag{3.22}$$

式中，k_i 为积分增益。

SRV02 位置 PIV 控制的闭环传递函数为

$$\frac{\Theta_l(s)}{\Theta_d(s)} = \frac{Kk_p s + Kk_i}{Ts^3 + (1 + Kk_v)s^2 + Kk_p s + Kk_i} \tag{3.23}$$

误差的拉氏变换为 $E(s) = \Theta_d(s) - \Theta_l(s)$，将式（3.23）代入该式，整理得

$$E(s) = \frac{s^2(Ts + 1 + Kk_v)}{Ts^3 + (1 + Kk_v)s^2 + Kk_p s + Kk_i} \Theta_d(s) \tag{3.24}$$

当输入斜坡信号时，$\Theta_d(s) = R_0 / s^2$，根据终值定理，可得系统的稳态误差为

$$e_{ss} = \lim_{s \to 0} sE(s) = 0$$

可见 PIV 控制可以无差跟踪斜坡信号。

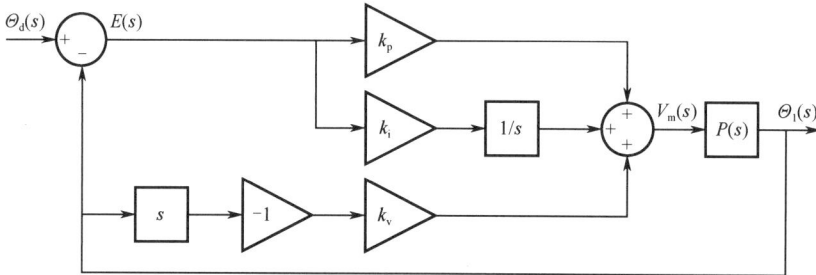

图 3.19　SRV02 位置 PIV 控制方框图

输出响应跟踪斜坡输入并达到零稳态误差需要一定的时间，这就是所谓的调节时间，调节时间由积分增益的值决定。稳定状态下，斜坡响应的误差是恒定的。为了设计积分增益，我们可以将速度控制（V 信号）作用忽略，这样就得到 PI 控制律：

$$V_m(t) = k_p(\theta_d(t) - \theta_l(t)) + k_i \int_0^t (\theta_d(t) - \theta_l(t)) dt \tag{3.25}$$

在稳定状态时，式（3.25）可以简化为

$$V_m(t) = k_p e_{ss} + k_i \int_0^{t_i} e_{ss} dt \tag{3.26}$$

式中，t_i 为积分时间。

3.3.3　实验准备

在开始 3.3.4 节实验之前，需要回答以下问题（2～6 题基于 PV 控制）。

1．给定一个幅值为 45° 的参考阶跃输入，要求响应的超调量不超过 5%，计算响应的最大值（以弧度为单位）。

2．根据 SRV02 位置 PV 控制的闭环传递函数表达式（式（3.20）），推导控制增益 k_p、k_v 与 ω_n、ζ 的函数关系。提示：根据二阶系统传递函数的标准形式进行。

3．计算满足系统设计性能指标要求（$t_p = 0.2$ s、PO = 5%）的最小阻尼比和自然频率。

4．基于 SRV02 模型参数 K 和 T（SRV02 建模实验中机理法求得），计算满足系统设计性能指标要求的控制增益 k_p、k_v。

5．给定一个幅值为 $\pi/4$（即 45°）的参考阶跃输入，负载轴初始位置 $\theta_l(t) = 0$，计算能够提供最大电机控制电压的比例增益 $k_{p,max}$（忽略速度控制，即 $k_v = 0$）。对比第 4 题结果，

利用计算得到的最大比例增益能否达到期望的性能指标？

6. 给定一个斜坡输入，$R_0 = 3.36\,\mathrm{rad/s}$，计算系统的稳态误差（利用第 4 题求得的控制增益进行计算）。

7. 积分增益 k_i 取何值时，给 SRV02 提供 $V_{\max} = 10.0\,\mathrm{V}$ 的最大电压，可以在 1 s 内消除第 6 题求得的稳态误差？（提示：利用式（3.26），取 $t_i = 1$，$V_m(t) = 10$，利用第 4 题求得的 k_p，利用第 6 题求得的 e_{ss}，假设 e_{ss} 是一个定值。）

3.3.4 实验练习

实验内容：

分别设计 PV 和 PIV 控制器，实现 SRV02 负载轴角位置闭环控制，具体实验项目如下：

（1）阶跃输入下的位置 PV 控制。

（2）斜坡输入下的位置 PV 控制。

（3）斜坡输入下、无稳态误差的控制器设计。

为了保证设备安全，针对每个实验项目，首先基于系统模型进行控制仿真，然后再进行实际系统控制。分析仿真实验与实际系统实验的控制性能，观察实验过程中执行电机是否达到饱和状态。最后对不同控制方式下的控制结果进行比较。

3.3.4.1 阶跃输入下的位置 PV 控制

1. 系统仿真

SRV02 位置控制仿真的 Simulink 模型如图 3.20 所示，图中"PIV Control"模块包含了 PIV 控制器，当控制器中积分增益为 0 时，就是 PV 控制器。

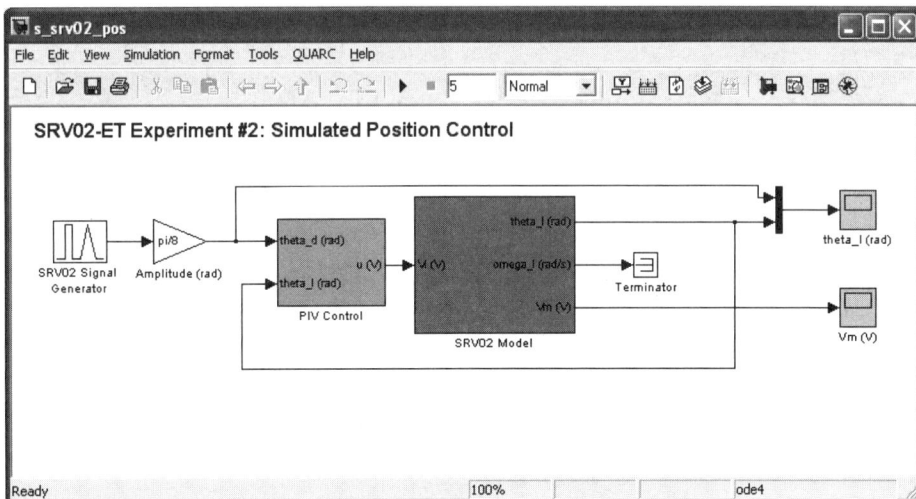

图 3.20 SRV02 位置控制仿真的 Simulink 模型

实验步骤：

（1）打开系统提供的 Simulink 仿真模型"s_srv02_pos.mdl"。

（2）打开脚本文件"setup_srv02_exp02_spd.m"，配置模型，设置控制类型为"手动"。运行脚本，结果如下：

```
%SRV02 model parameters:
K = 1.53 rad/s/V
tau = 0.0254 s
%Specifications:
tp = 0.2 s
PO = 5 %
%Calculated PV control gains:
kp = 0 V/rad
kv = 0 V.s/rad
%Integral control gain for triangle tracking:
ki = 0 V/rad/s
```

（3）输入 3.3.3 节第 4 题得到的比例和速度增益 k_p、k_v。

（4）在 Simulink 图中，设置信号发生器模块，使其产生振幅为 1.0、频率为 0.4 Hz 的方波信号。设置幅值增益模块"Amplitude"为 $\pi/8$（rad），以产生一个幅值为 45° 的阶跃信号（将幅值 $\pm\pi/8$ 的方波作为幅值 $\pi/4$ 的阶跃信号使用）。

（5）在 PIV 控制模块中，设置手控开关"Manual Switch"为向上位置，使用直接微分作用。

（6）打开电机控制电压示波器和负载轴角位置示波器。

（7）编译、连接并运行 QUARC 控制器。默认情况下，仿真运行时间为 5 s，示波器的响应结果应该类似于图 3.21。在图 3.21（b）中，曲线①为设定位置，曲线②为 SRV02 模型产生的模拟位置响应（因为此时的 V 控制采用的是理想微分环节，故称此响应为理想 PV 响应）。

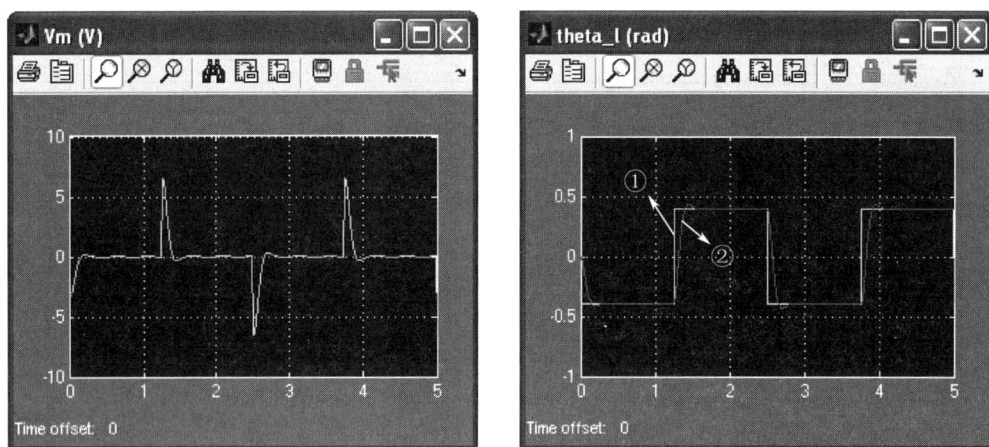

（a）电机控制电压   （b）负载轴角位置响应

图 3.21　理想 PV 控制的仿真系统位置阶跃响应

（8）绘制仿真系统电机电压与位置响应的 Matlab 曲线。

（9）测量并计算仿真系统的稳态误差、超调量和峰值时间，分析理想 PV 控制下的响应是否满足设计要求的性能指标。

（10）在 PIV 控制模块中，设置手控开关"Manual Switch"为向下位置，使用低通滤波器。

说明：在实际应用中，为了抑制速度信号中的高频噪声分量，保护电机不受损坏，通常会在微分器后串联一个低通滤波器。当然，使用低通滤波器也会带来一些不利影响，因此需要对低通滤波器进行适当调整。

（11）重复执行步骤（6）～（9）。使用低通滤波器的响应称为滤波 PV 响应。

（12）分析控制器的输出是否达到电机的最大输入电压。

2. SRV02 系统控制

在本实验中，我们将采用 PV 控制器进行 SRV02 负载轴角，即加载惯性圆盘角度的控制。SRV02 系统位置控制的 Simulink 模型如图 3.22 所示。图中"SRV02-ET Position"子系统包含了与 SRV02 系统中直流电机和传感器交互的 QUARC 接口模块，PIV 控制模块中的速度控制采用的是微分环节+低通滤波器的形式（不是直接微分）。

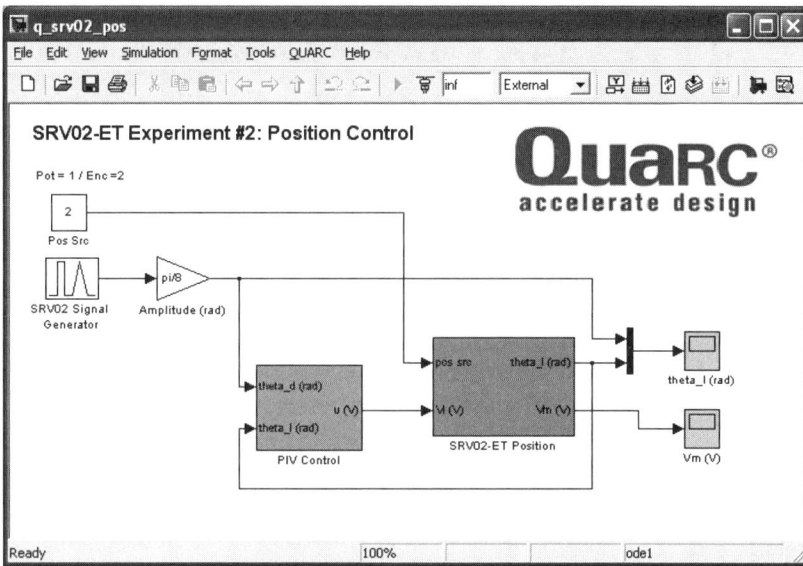

图 3.22　SRV02 位置控制的 Simulink 模型

实验步骤：

（1）打开系统提供的 Simulink 模型"q_srv02_pos.mdl"，双击"SRV02-ET Position"模块中的"HIL Initialize"模块，确认已配置为系统中使用的 DAQ 设备。

（2）运行脚本文件"setup_srv02_exp02_pos.m"，加载电机、传感器等参数。

（3）输入 3.3.3 节第 4 题得到的比例和速度增益 k_p、k_v。

（4）在 Simulink 图中，设置信号发生器模块，使其产生振幅为 1.0、频率为 0.4 Hz 的方波信号。设置幅值增益模块"Amplitude"为 π/8（rad），以产生一个 45°的阶跃信号。

（5）打开电机控制电压示波器和负载轴角位置示波器。

（6）编译、连接并运行 QUARC 控制器。示波器的响应结果应该类似于图 3.23。在图 3.23（b）中，曲线①为设定位置，曲线②为实测负载轴角位置响应。

（7）结束 QUARC 控制器的运行。

（8）绘制电机电压与实测负载轴角位置响应的 Matlab 曲线。

（9）测量并计算系统位置响应的稳态误差、超调量和峰值时间，分析该响应是否满足设计要求的性能指标。

（10）如果不在 SRV02 上进行其他实验，设备断电。

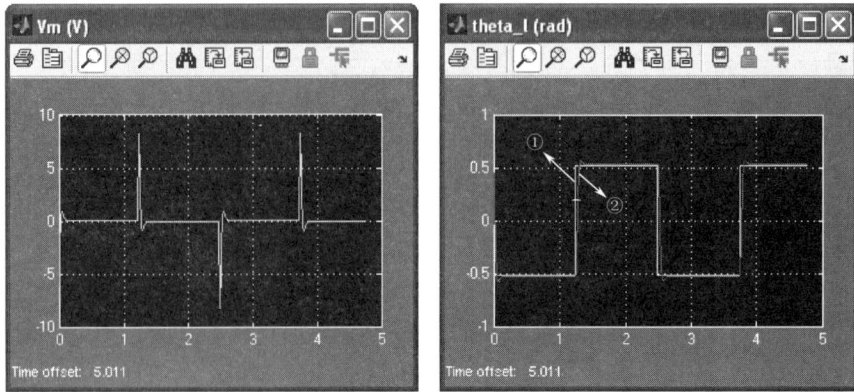

(a) 电机控制电压   (b) 实测负载轴角位置响应

图 3.23 滤波 PV 控制的 SRV02 系统位置阶跃响应

3.3.4.2 斜坡输入下的位置 PV 控制

1. 系统仿真

该仿真实验的目的是验证具有 PV 控制器的位置系统在跟踪斜坡输入时具有恒定的稳态误差。该实验运用 3.3.4.1 节系统仿真实验同样的 Simulink 模型。

实验步骤：

（1）打开如图 3.20 所示的 SRV02 位置控制仿真 Simulink 模型"s_srv02_pos.mdl"。

（2）打开脚本文件"setup_srv02_exp02_spd.m"，配置模型，设置控制类型为"手动"，然后运行脚本。

（3）输入 3.3.3 节第 4 题得到的比例和速度增益 k_p、k_v。

（4）在 Simulink 图中，设置信号发生器模块，使其产生振幅为 1.0、频率为 0.8 Hz 的三角波信号。设置幅值增益模块"Amplitude"为 π/3（rad），以产生一个斜率为 R_0 的斜坡信号（$R_0 = 4f \times$ 幅值增益）。

（5）在 PIV 控制模块中，设置手控开关"Manual Switch"为向下位置，使用低通滤波器。

（6）打开电机控制电压示波器和负载轴角位置示波器。

（7）编译、连接并运行 QUARC 控制器。示波器的响应结果应该类似于图 3.24。

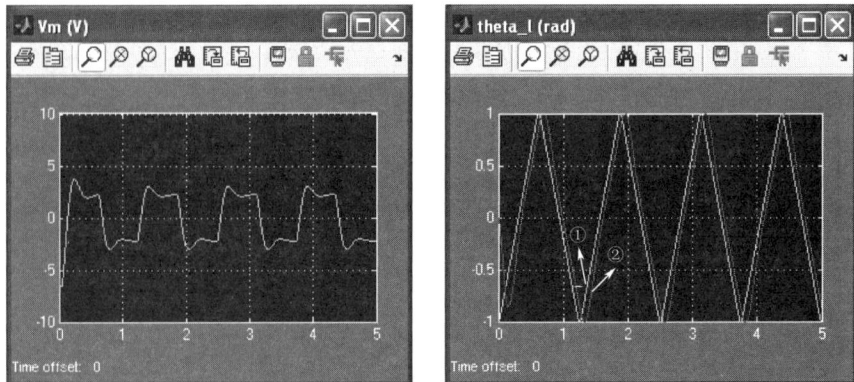

(a) 电机控制电压   (b) 负载轴角位置响应（①-设定值、②-模型）

图 3.24 滤波 PV 控制的仿真系统位置斜坡响应

（8）绘制电机电压与仿真系统位置响应的 Matlab 曲线。

（9）测量稳态误差，并将其与 3.3.3 节第 6 题计算的稳态误差进行比较。

2. SRV02 系统控制

在本实验中，我们将采用 PV 控制器进行 SRV02 负载轴角，即加载惯性圆盘角度的控制，观察系统跟踪斜坡位置输入的效果。该实验运用 3.3.4.1 节 SRV02 系统控制实验的 Simulink 模型。

实验步骤：

（1）打开如图 3.22 所示的 SRV02 位置控制 Simulink 模型 "q_srv02_pos.mdl"，双击 "SRV02-ET Position" 模块中的 "HIL Initialize" 模块，确认已配置为系统中使用的 DAQ 设备。

（2）运行脚本文件 "setup_srv02_exp02_pos.m"，加载电机、传感器等参数。

（3）输入 3.3.3 节第 4 题得到的比例和速度增益 k_p、k_v。

（4）在 Simulink 图中，设置信号发生器模块，使其产生振幅为 1.0、频率为 0.8 Hz 的三角波信号。设置幅值增益模块 "Amplitude" 为 π/3（rad）。

（5）打开电机控制电压示波器和负载轴角位置示波器。

（6）编译、连接并运行 QUARC 控制器。示波器的响应结果应该类似于图 3.25。

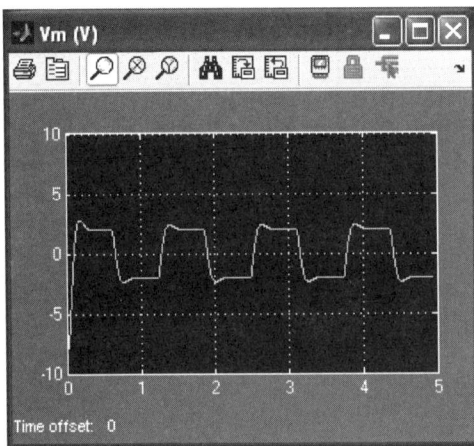

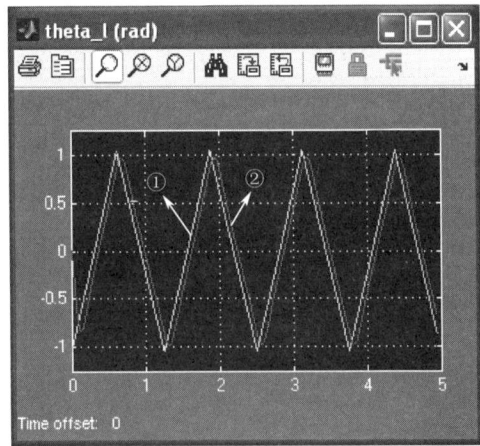

（a）电机控制电压　　　　　　（b）实测负载轴角位置响应（①-参考值，②-系统）

图 3.25　滤波 PV 控制的 SRV02 系统位置斜坡响应

（7）结束 QUARC 控制器的运行。

（8）绘制电机电压与实测负载轴角位置响应的 Matlab 曲线。

（9）测量稳态误差，并将其与 3.3.3 节第 6 题计算的稳态误差进行比较。

（10）如果不在 SRV02 上进行其他实验，设备断电。

3.3.4.3　斜坡输入下无稳态误差的控制器设计

本实验要求设计位置伺服控制系统的控制器，使得系统能够无稳态误差地跟踪斜坡输入。与前面 2 个实验项目类似，首先进行模拟控制仿真，然后再基于实际 SRV02 系统进行实验。设计思路及要求如下：

（1）修改 PV 控制器以消除斜坡响应中的稳态误差。说明该举措能够达到预期结果的原因。

（2）写出控制器表达式，指出自变量和因变量。

（3）实验中采用的控制器，如 PV 控制器，是基于模型的控制器，这就意味着控制器参数的选取依赖于系统的数学模型，那么基于模型的控制器设计需要满足什么前提条件？

（4）给出基于斜坡输入的无稳态误差系统实验的基本步骤，包括：①系统仿真、②实际系统控制。

（5）对于上述 2 个实验，分别绘制电机电压与位置响应的 Matlab 曲线。

（6）对于上述 2 个实验，分别测量其稳态误差。在电机不饱和的情况下，是否满足稳态误差为 0 的要求？

3.3.5 实验结果

SRV02 位置控制结果总结见表 3.10。

表 3.10 SRV02 位置控制结果总结

章节/问题	项 目	参 数	符 号	数 值	单 位
问题 4	模型参数	放大系数	K		
		时间常数	T		
问题 4	PV 控制增益	比例增益	k_p		
		速度增益	k_v		
问题 5	比例增益极值	比例增益最大值	$k_{p,max}$		
问题 6	斜坡稳态误差	PV 控制下的稳态误差	e_{ss}		
问题 7	积分增益设计值	积分增益	k_i		
3.3.4.1 节	理想 PV 控制阶跃响应仿真	峰值时间	t_p		
		超调量	PO		
		稳态误差	e_{ss}		
	滤波 PV 控制阶跃响应仿真	峰值时间	t_p		
		超调量	PO		
		稳态误差	e_{ss}		
	滤波 PV 控制系统阶跃响应	峰值时间	t_p		
		超调量	PO		
		稳态误差	e_{ss}		
3.3.4.2 节	滤波 PV 控制斜坡响应仿真	稳态误差	e_{ss}		
	滤波 PV 控制系统斜坡响应	稳态误差	e_{ss}		
3.3.4.3 节	无稳态误差的斜坡响应仿真	稳态误差	e_{ss}		
	无稳态误差的系统斜坡响应	稳态误差	e_{ss}		

3.4 SRV02 速度控制

3.4.1 系统设计指标

本实验要求采用比例积分（PI）控制器和超前校正环节，设计 SRV02 负载轴转速反馈控制系统，所设计的系统需满足以下性能指标：

时域指标：稳态误差：$e_{ss} = 0$；

峰值时间：$t_p \leqslant 0.05\,\text{s}$；

超调量：$\text{PO} \leqslant 5\%$。

频域指标：相角裕度：$\text{PM} \geqslant 75\,\text{deg}$；

截止频率：$\omega_c = 75.0\,\text{rad/s}$。

相角裕度和截止频率是系统校正设计需要考虑的两个主要性能指标。相角裕度影响系统响应的形状，较大的相角裕度意味着系统具有更好的稳定性和较小的超调量。一般来说，如果相角裕度不低于 75°，则超调量不超过 5%。截止频率是系统增益为 1 时的工作频率（或伯德图中 0 dB 时的频率），该参数主要影响系统的响应速度，截止频率 ω_c 增大，峰值时间将减小。一般来说，如果截止频率不低于 75 rad/s，则峰值时间不超过 0.05 s。

3.4.2 控制器设计

SRV02 旋转伺服基本单元的电机电枢电压-负载轴转速过程传递函数为

$$P(s) = \frac{\Omega(s)}{V_m(s)} = \frac{K}{Ts+1} \tag{3.27}$$

其速度单位反馈控制系统方框图如图 3.26 所示。

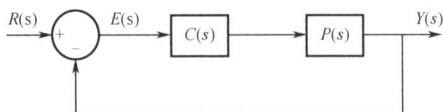

图 3.26 SRV02 速度单位反馈控制系统方框图

1. PI 控制器设计

SRV02 速度 PI 控制方框图如图 3.27 所示，图中 PI 控制律为

$$V_m(t) = k_p(b_{sp}\omega_d(t) - \omega_l(t)) + k_i \int_0^t (\omega_d(t) - \omega_l(t))\mathrm{d}t \tag{3.28}$$

式中，k_p 为比例增益，k_i 为积分增益；$\omega_d(t)$ 为设定负载轴转速，$\omega_l(t)$ 为实测负载轴转速，b_{sp} 为设定值的权重系数，$V_m(t)$ 为电机控制电压。

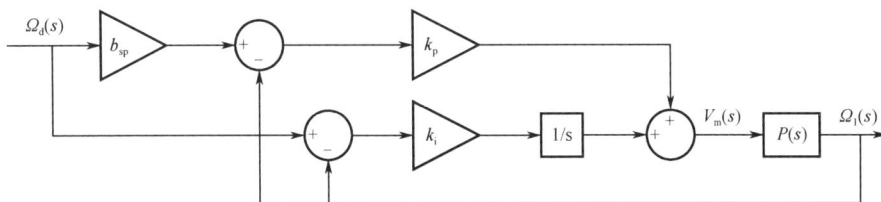

图 3.27 SRV02 速度 PI 控制方框图

SRV02 速度 PI 控制的闭环传递函数为

$$\frac{\Omega_l(s)}{\Omega_d(s)} = \frac{Kk_p b_{sp}s + Kk_i}{Ts^2 + (Kk_p + 1)s + Kk_i} \tag{3.29}$$

2. 超前校正设计

超前、滞后校正都可用于 SRV02 的速度控制，滞后校正近似于 PI 控制，似乎更加可行，但由于执行器的饱和现象，使得该方案无法实现稳态误差为零。相反，将超前校正环节串联一个积分器则能满足稳态误差为零的要求，SRV02 速度超前校正控制方框图如图 3.28 所示。

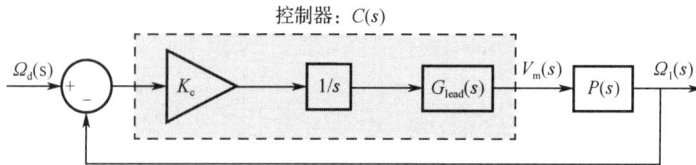

图 3.28　SRV02 速度超前校正控制方框图

为便于超前校正环节的设计，将积分器作为对象模型的一部分，即

$$P_i(s) = P(s)\frac{1}{s} \tag{3.30}$$

图 3.28 中超前校正环节

$$G_{lead}(s) = \frac{1 + \alpha Ts}{1 + Ts} \quad (\alpha > 1) \tag{3.31}$$

校正后系统的开环传递函数记为

$$L(s) = C(s)P(s)$$

其中校正环节为

$$C(s) = K_c \frac{1 + \alpha Ts}{(1 + Ts)s}$$

下面，我们介绍运用 Matlab 设计超前校正环节的过程。

（1）画出未校正系统开环传递函数 $P_i(s)$ 的 Bode 图。

运行脚本文件"setup_srv02_exp03_spd.m"，加载模型参数 K、T。然后运用 tf 和 series 命令创建 $P_i(s)$ 的传递函数（脚本中 T 用变量 tau 表示），使用 margin 命令生成如图 3.29 所示 $P_i(s)$ 的 Bode 图，图中显示了系统增益、相角裕度及其对应的频率。

Bode 图绘制脚本如下：

```
% Plant transfer function
P = tf([K],[tau 1]);
% Integrator transfer function
I = tf([1],[1 0]);
% Plant with Integrator transfer function
Pi = series(P,I);
% Bode of Pi(s)
figure(1)
margin(Pi);
set (1,'name','Pi(s)');
```

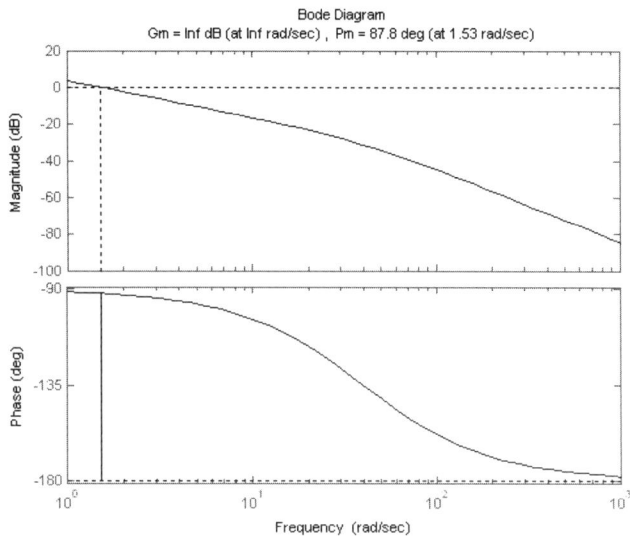

图 3.29 $P_i(s)$ 的 Bode 图

说明：系统提供了完整的超前校正环节的 Matlab 脚本文件 "d_lead.m"。当控制类型选择 "AUTO" 时，运行 "setup_srv02_exp03_spd.m" 之后运行此文件，将产生若干 Bode 图，其中就包括图 3.29。后续生成 Bode 图的环节，都可参考 "d_lead.m" 脚本。

（2）确定增益 K_c。

由于超前校正环节本身会增大系统的增益，故不能将增益 K_c 设计为充分满足截止频率为 75 rad/s 的值，而是使增加 K_c 后的开环截止频率 ω_c' 为期望带宽的二分之一左右，这里取 $\omega_c' = 50.0 \, \text{rad/s}$。

从图 3.29 中可以看出，要将截止频率从当前的 1.53 rad/s 提高到 50.0 rad/s，幅频特性曲线需要上移 34.5 dB。$20 \lg K_c = 34.5 \, \text{dB}$，得 $K_c = 53.1 \, \text{V/rad}$。

记 $L_p(s) = K_c P_i(s)$，$L_p(s)$ 的 Bode 图如图 3.30 所示。

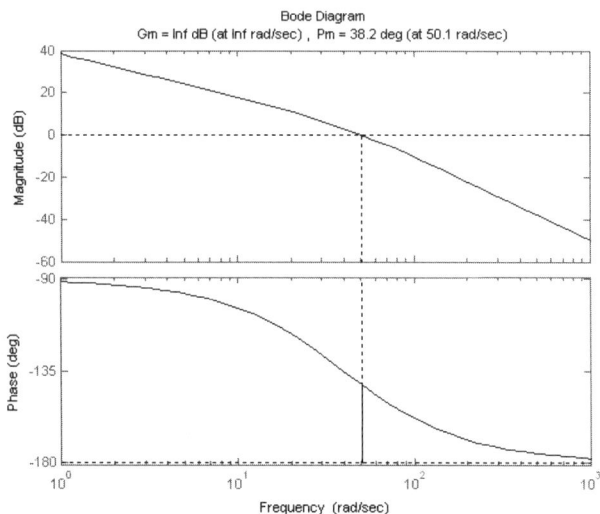

图 3.30 $L_p(s)$ 的 Bode 图

（3）计算需要增加的相角超前量 φ_{m}。

超前校正环节在期望带宽处的相角超前量

$$\varphi_{\mathrm{m}} = \mathrm{PM}_{\mathrm{des}} - \mathrm{PM}_{\mathrm{meas}} + 5$$

式中，$\mathrm{PM}_{\mathrm{des}}$ 为期望的相角裕度（75 度），$\mathrm{PM}_{\mathrm{meas}}$ 为开环系统 $L_{\mathrm{p}}(s)$ 的实测相角裕度，由图 3.30 可得 $\mathrm{PM}_{\mathrm{meas}} = 38.2\,\mathrm{deg}$，5 度为增加的相角余度。

所以，最大相角超前量

$$\varphi_{\mathrm{m}} = 41.8\,\mathrm{deg}$$

（4）计算 α、T，得到超前校正环节。

$$\alpha = \frac{1 + \sin(\varphi_{\mathrm{m}})}{1 - \sin(\varphi_{\mathrm{m}})} = 4.96$$

在图 3.30 中的幅频特性曲线上找到 $L(\omega) = -10\lg(\alpha) = -6.95\,\mathrm{dB}$ 对应的频率，该频率即为最大超前角频率 ω_{m}，$\omega_{\mathrm{m}} = 80.9\,\mathrm{rad/s}$。

$$T = \frac{1}{\omega_{\mathrm{m}}\sqrt{\alpha}} = 0.00556\,\mathrm{s/rad}$$

故，所设计的超前校正环节为

$$G_{\mathrm{lead}}(s) = \frac{1 + \alpha T s}{1 + T s} = \frac{1 + 0.275 s}{1 + 0.00556 s}$$

两个转折频率分别为

$$\frac{1}{\alpha T} = 36.1\,\mathrm{s/rad}, \qquad \frac{1}{T} = 180.0\,\mathrm{s/rad}$$

（5）画出超前校正环节 $G_{\mathrm{lead}}(s)$ 的 Bode 图。

超前校正环节 $G_{\mathrm{lead}}(s)$ 的 Bode 图如图 3.31 所示。

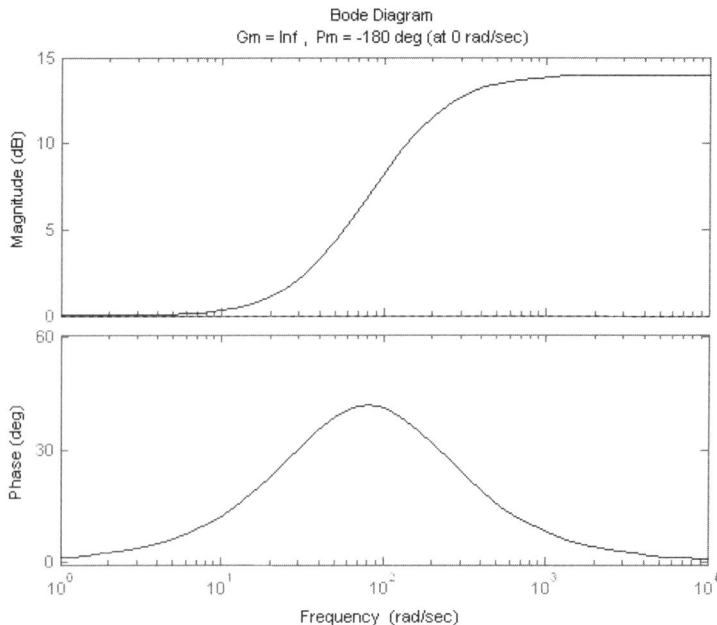

图 3.31　超前校正环节 $G_{\mathrm{lead}}(s)$ 的 Bode 图

（6）画出校正后系统的 Bode 图。

校正后的系统开环传递函数 $L(s)$ 的 Bode 图如图 3.32 所示。从图中可以看到，校正后系统的相角裕度 PM = 68.1 deg，低于性能指标要求的 75.0 deg，截止频率 ω_c = 79.6 rad/s，满足要求。

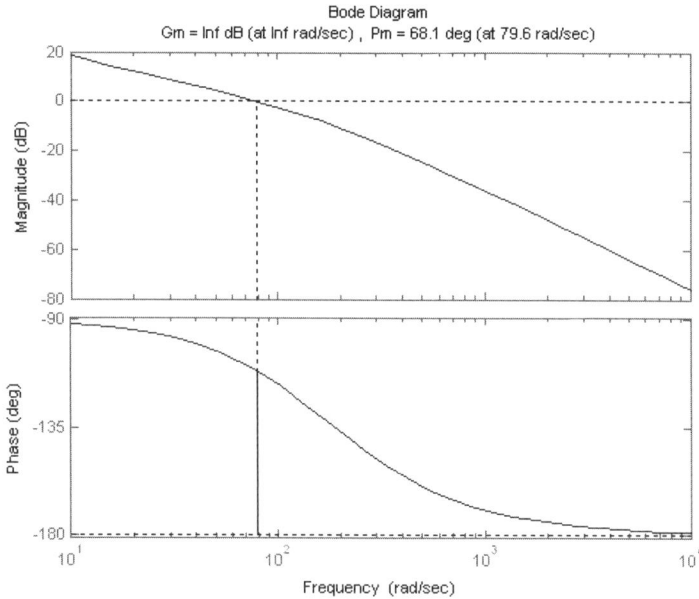

图 3.32　校正后系统的 Bode 图

（7）系统校验。

如果截止频率或相角裕度不能满足要求的性能指标，可以通过系统仿真的方法来检验校正后的系统是否满足时域性能指标要求。如果满足，则设计完成，如果不满足，则需要重新设计。

3. 传感器测量噪声

使用模拟传感器进行测量时，所测信号中常常包含一些固有噪声。SRV02 利用转速计测量负载齿轮转速，测量信号中的峰峰值噪声，可以用以下公式计算：

$$e_\omega = K_n \omega_1 \tag{3.32}$$

式中，K_n 为传感器的峰峰值噪声率，对于本系统中的转速计，$K_n = 7\%$。ω_1 为负载轴转速。

本实验中，输入速度信号为

$$\omega_d(t) = \begin{cases} 2.5 \text{ rad/s}, & t \leqslant t_0 \\ 7.5 \text{ rad/s}, & t > t_0 \end{cases} \tag{3.33}$$

当不考虑测量噪声时，若要满足超调量 PO ≤ 5%，t_0 时刻后的最大响应速度为

$$\omega(t_p) = 7.5 + (7.5 - 2.5) \times 5\% = 7.75 \text{ rad/s}$$

若考虑噪声，当负载轴转速为 7.5 rad/s 时，由式（3.32）可知，峰峰值噪声为 0.525 rad/s，此时转速的测量值会在 7.5 rad/s 的 ±0.2625 rad/s 范围内振荡。那么，实际能够满足性能指标要求的最大测量响应速度变为

$$\omega'(t_p) = \omega(t_p) + \frac{1}{2}e_\omega \approx 8.01 \text{ rad/s}$$

此时的超调量为

$$PO' = \frac{8.01 - 7.5}{5} = 10.2\%$$

也就是说，考虑到测量噪声的影响，只要实测转速的超调量不超过10.2%，就可以认为所设计的系统能够满足5%的超调量要求。

3.4.3 实验准备

1. 图 3.26 中，若 $C(s) = 1$，SRV02 速度控制系统是几型系统？为什么？

2. 基于 SRV02 电压-速度模型参数 K 和 T（由 SRV02 建模实验中的机理法求得），计算满足系统设计性能指标要求（$t_p = 0.05$ s， $PO = 5\%$）的控制增益 k_p、k_i。

提示：取设定值的权重系数 $b_{sp} = 0$，则式（3.29）变为标准二阶系统形式。根据超调量和峰值时间的要求，计算最小阻尼比 ζ 和固有频率 ω_n；再根据二阶系统的标准特征方程形式计算控制增益 k_p、k_i。

3. 计算式（3.30）中 $P_i(s)$ 的频率响应幅值 $|P_i(s)|$。

4. 计算 $P_i(s)$ 的直流增益，以 dB 为单位。

提示：DC 增益是 $\omega = 0$ rad/s 处的增益。由于 $P_i(s)$ 中存在积分环节，无法得到 DC 增益，可以用 $\omega = 1$ rad/s 处的增益近似代替 DC 增益。

5. 计算 $P_i(s)$ 系统的截止频率 ω'_c，模型参数采用 SRV02 建模实验中机理法求得的 K 和 T。

3.4.4 实验练习

实验内容：

分别设计 PI 控制器和超前校正控制器，实现 SRV02 负载轴的闭环速度控制，具体实验项目如下：

（1）阶跃输入下的速度 PI 控制。

（2）阶跃输入下的速度超前校正控制。

为了保证设备安全，针对每个实验项目，首先基于系统模型进行控制仿真，然后再进行实际系统控制。分析仿真实验与实际系统实验的控制性能，观察实验过程中执行电机是否达到饱和状态，最后对两种控制方式下的控制结果进行比较。

3.4.4.1 阶跃输入下的速度 PI 控制

1. 系统仿真

SRV02 速度控制仿真的 Simulink 模型如图 3.33 所示，图中控制模块包含了 PI 控制器和超前校正控制器。

实验步骤：

（1）打开系统提供的 Simulink 仿真模型 "s_srv02_spd.mdl"。

（2）打开脚本文件 "setup_srv02_exp03_spd.m"，加载模型、控制器等参数，设置控制类型为 "手动"。运行脚本，结果如下：

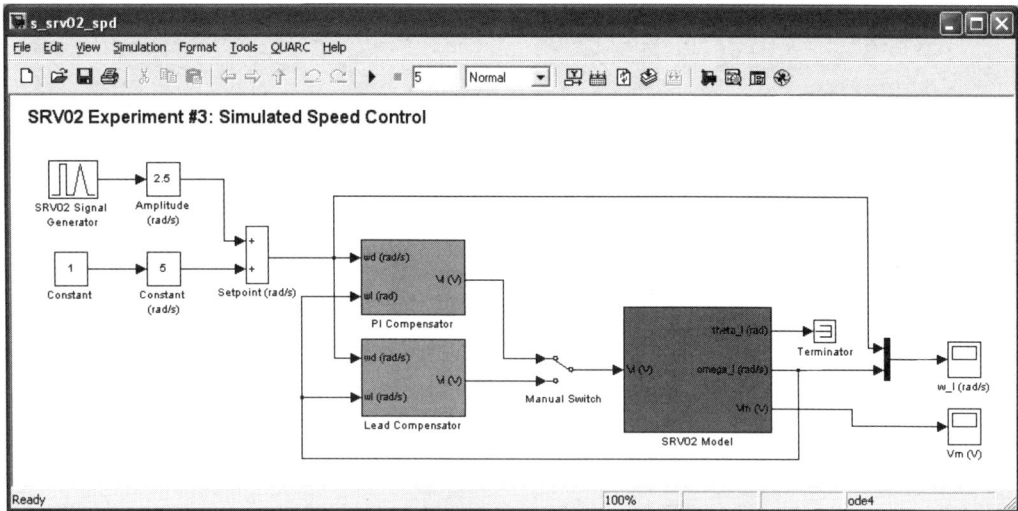

图 3.33　SRV02 速度控制仿真的 Simulink 模型

SRV02 model parameters
K = 1.53 rad/s/V
tau = 0.0254 s
PI control gains:
kp = 0 V/rad
ki = 0 V/rad/s
Lead compensator parameters
Kc = 0 V/rad/s
1/(a*T) = 1 rad/s
1/T = 1 rad/s

（3）输入 3.4.3 节第 2 题得到的比例和积分增益 k_p、k_i。

（4）在 Simulink 图中，设置信号发生器模块，使其产生振幅为 1.0、频率为 0.4 Hz 的方波信号。设置幅值增益模块 "Amplitude" 为 2.5（rad/s），偏移模块 "Offset" 为 5.0（rad/s），以产生一个幅值为 2.5～7.5 rad/s（23.9～71.6 rpm）的方波信号。

（5）在控制模块中，设置手控开关 "Manual Switch" 为向上位置，使用 PI 控制器。

（6）打开电机控制电压示波器和负载轴转速示波器。

（7）编译、连接并运行 QUARC 控制器。默认情况下，仿真运行时间为 5 s，示波器的响应结果应该类似于图 3.34。图 3.34（b）中，曲线①为设定转速，曲线②为 SRV02 模型产生的模拟转速响应，两者几乎重合。

（8）绘制电机电压与仿真系统速度响应的 Matlab 曲线。

（9）测量并计算仿真系统的稳态误差、超调量和峰值时间，分析该仿真控制响应是否满足设计要求的性能指标。

2. SRV02 系统控制

本实验将采用 PI 控制器进行 SRV02 系统负载轴转速控制。SRV02 速度控制的 Simulink 模型如图 3.35 所示。图中 "SRV02-ET Speed" 子系统包含了与 SRV02 系统中直流电机和传感器交互的 QUARC 接口模块，控制模块包含了 PI 控制器和超前校正控制器。

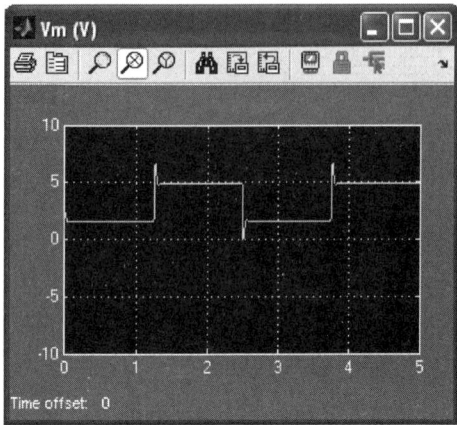

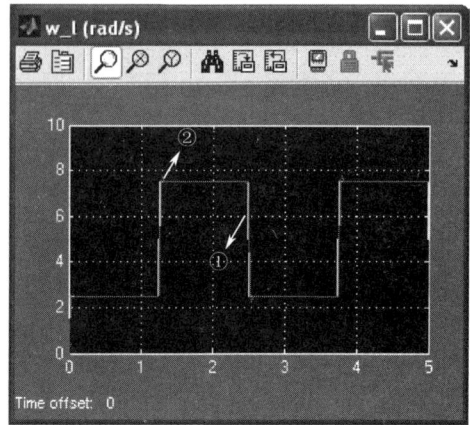

（a）电机控制电压   （b）负载轴转速响应

图 3.34　PI 控制的仿真系统速度阶跃响应

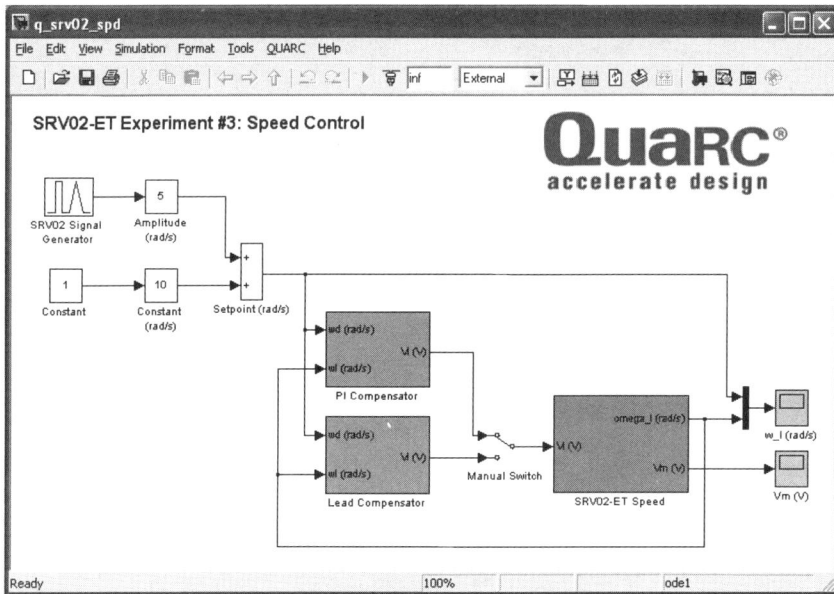

图 3.35　SRV02 速度控制的 Simulink 模型

实验步骤：

（1）打开系统提供的 Simulink 模型 "q_srv02_spd.mdl"，双击 "SRV02-ET Speed" 模块中的 "HIL Initialize" 模块，确认已配置为系统中使用的 DAQ 设备。

（2）运行脚本文件 "setup_srv02_exp03_spd.m"，加载控制器参数。

（3）输入 3.4.3 节第 2 题得到的比例和积分增益 k_p、k_i。

（4）在 Simulink 图中，设置信号发生器模块，使其产生振幅为 1.0、频率为 0.4 Hz 的方波信号。设置幅值增益模块 "Amplitude" 为 2.5 rad/s，偏移模块 "Offset" 为 5.0 rad/s，以产生一个幅值为 2.5～7.5 rad/s 的方波信号。

（5）在控制模块中，设置手控开关 "Manual Switch" 为向上位置，使用 PI 控制器。

（6）打开电机控制电压示波器和负载轴转速示波器。

（7）编译、连接并运行 QUARC 控制器。示波器的响应结果应该类似于图 3.36。在图 3.36（b）中，曲线①为设定速度（方波信号），曲线②为实测负载轴转速响应（有振荡）。

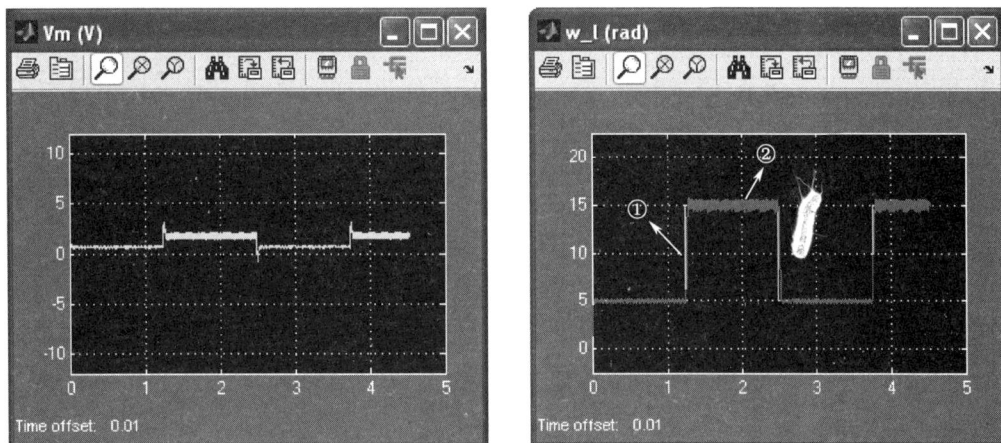

（a）电机控制电压

（b）实测负载轴转速响应

图 3.36 PI 控制的 SRV02 系统速度阶跃响应

（8）结束 QUARC 控制器的运行。

（9）绘制电机电压与实测负载轴转速响应的 Matlab 曲线。

（10）从图 3.36（b）可以看出，由于速度测量信号中存在噪声，因此很难准确计算控制性能。在图 3.35 中，设置幅值增益模块"Amplitude"为 0（rad/s），偏移模块"Offset"为 7.5 rad/s，以产生一个幅值为 7.5 rad/s 的定值速度输入信号，然后按照上述步骤运行速度控制系统，绘制显示噪声信号的转速响应的 Matlab 曲线。

（11）测量步骤（10）中速度信号的峰峰值噪声 $e_{\omega,\text{meas}}$，将其与 3.4.2 节传感器测量噪声中的计算值进行比较。然后，将测量信号的平均值与设定速度进行比较，求出稳态误差。分析稳态误差是否满足要求。

（12）测量并计算步骤（9）中系统速度响应的超调量和峰值时间，如果考虑噪声影响，分析该响应是否满足设计要求的性能指标。

（13）如果不在 SRV02 上进行其他实验，设备断电。

3.4.4.2 阶跃输入下的速度超前校正控制

1. 系统仿真

该实验运用 3.4.4.1 节系统仿真实验的 Simulink 模型。

实验步骤：

（1）打开如图 3.33 所示的 SRV02 速度控制仿真 Simulink 模型"s_srv02_spd.mdl"。

（2）打开脚本文件"setup_srv02_exp03_spd.m"，加载模型、控制器等参数，设置控制类型为"手动"，然后运行脚本。

（3）输入 3.4.2 节超前校正设计中得到的超前校正环节的参数 K_c、α、T。

（4）在 Simulink 图中，设置信号发生器模块，使其产生振幅为 1.0、频率为 0.4 Hz 的方波信号。设置幅值增益模块"Amplitude"为 2.5 rad/s，偏移模块"Offset"为 5.0 rad/s，以产生一个幅值为 2.5～7.5 rad/s 的方波信号。

（5）在控制模块中，设置手控开关"Manual Switch"为向下位置，使用超前校正控制器。

（6）打开电机控制电压示波器和负载轴转速示波器。

（7）编译、连接并运行 QUARC 控制器。示波器的响应结果应该类似于图 3.34。

（8）绘制电机电压与仿真系统速度响应的 Matlab 曲线。

（9）测量并计算仿真系统的稳态误差、超调量和峰值时间，分析该仿真控制响应是否满足设计要求的性能指标，执行电机是否达到饱和状态。

（10）如果性能指标不满足要求，则需要重新设计超前校正环节，例如，通过增大最大相角超前量 φ_m 来增加相角裕度。

2. SRV02 系统控制

该实验运用 3.4.4.1 节 SRV02 系统控制实验同样的 Simulink 模型。

实验步骤：

（1）打开如图 3.35 所示的 SRV02 速度控制 Simulink 模型"q_srv02_spd.mdl"，双击"SRV02-ET Speed"模块中的"HIL Initialize"模块，确认已配置为系统中使用的 DAQ 设备。

（2）运行脚本文件"setup_srv02_exp03_spd.m"，加载控制器等参数。

（3）输入 3.4.2 节超前校正设计中得到的超前校正环节的参数 K_c、α、T。

（4）在 Simulink 图中，设置信号发生器模块，使其产生振幅为 1.0、频率为 0.4 Hz 的方波信号。设置幅值增益模块"Amplitude"为 2.5 rad/s，偏移模块"Offset"为 5.0 rad/s，以产生一个幅值为 2.5~7.5 rad/s 的方波信号。

（5）在控制模块中，设置手控开关"Manual Switch"为向下位置，使用超前校正控制器。

（6）打开电机控制电压示波器和负载轴转速示波器。

（7）编译、连接并运行 QUARC 控制器。示波器的响应结果应该类似于图 3.36。

（8）结束 QUARC 控制器的运行。

（9）绘制电机电压与实测负载轴转速响应的 Matlab 曲线。

（10）测量并计算系统速度响应的稳态误差、超调量和峰值时间。稳态误差的测量与计算参见 PI 控制系统实验的步骤（10）~（11）。分析该响应是否满足设计要求的性能指标。

（11）根据上述仿真与实际系统的实验结果，对 PI 与超前校正的控制效果进行比较。

（12）如果不在 SRV02 上进行其他实验，设备断电。

3.4.5 实验结果

SRV02 速度控制结果总结见表 3.11。

表 3.11　SRV02 速度控制结果总结

章节/问题	项　目	参　　数	符　号	数　值	单　位
问题 2	模型参数	放大系数	K		
		时间常数	T		
	PI 控制增益	比例增益	k_p		
		积分增益	k_i		
问题 4	DC 增益估计	$P_l(s)$ 的直流增益估计	$|P_l(1)|$		
问题 5	截止频率	$P_l(s)$ 系统截止频率	ω_c'		

章节/问题	项　目	参　　数	符　号	数　值	单　位
3.4.4.1 节	PI 控制 阶跃响应仿真	峰值时间	t_p		
		超调量	PO		
		稳态误差	e_{ss}		
	PI 控制 系统阶跃响应	速度测量的峰值噪声	$e_{\omega,meas}$		
		稳态误差	e_{ss}		
		峰值时间	t_p		
		超调量	PO		
3.4.4.2 节	超前校正控制 阶跃响应仿真	峰值时间	t_p		
		超调量	PO		
		稳态误差	e_{ss}		
	超前校正控制 系统阶跃响应	峰值时间	t_p		
		超调量	PO		
		稳态误差	e_{ss}		

第4章 BB01球杆系统

4.1 系统介绍

4.1.1 系统结构

Quanser BB01 型球杆系统如图 4.1 所示，该系统包含一条直线导轨（后续描述中称其为杆），金属球可以在该导轨上自由滚动。导轨上装有一个线性传感器，可以检测小球的位置。导轨的一侧通过联轴器连接到 SRV02 旋转伺服基本单元的负载齿轮上，通过伺服位置控制，调节操纵臂的角度，可以使钢球稳定在导轨指定的位置。

图 4.1　BB01 型球杆系统

球杆系统也可以配置如图 4.2 所示的装有远程传感器模块的导轨（SS01 型），对于这种类型的导轨，球的位置控制命令直接由 SS01 模块发出，而不通过计算机程序。

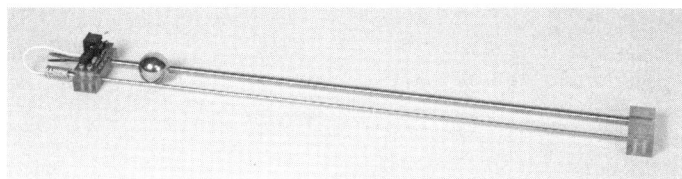

图 4.2　SS01 型球杆系统导轨

球杆系统基本组件见表 4.1，图 4.3 标注了对应的各个组件。

表 4.1　球杆系统基本组件

序　号	组　件　名　称	序　号	组　件　名　称
1	SRV02 旋转伺服基本单元	8	支撑底座
2	联轴器	9	小球位置传感器信号端口
3	紧固螺杆	10	支撑臂固定螺钉

序 号	组 件 名 称	序 号	组 件 名 称
4	钢球	11	校准基板
5	BB01 电位器式传感器	12	SS01 电位器传感器
6	BB01 钢条	13	SS01 钢条
7	支撑臂	14	远程传感器信号端口

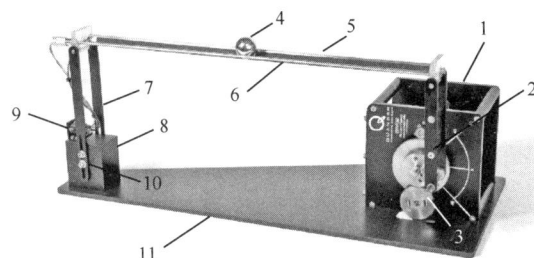

（a）BB01 型球杆系统组件

（b）SS01 型球杆系统导轨组件

图 4.3　球杆系统组件标注图

4.1.2　主要部件及技术参数

BB01 线性位置传感器模块的导轨是由一根不锈钢条与一根与之平行的缠绕镍铬线的电阻器组成的，电阻器内侧的黑色带状物为电阻丝。当小球沿着轨道滚动时，黑色电阻丝起到了电位器移动电刷的作用。通过测量钢条上的电压就可以得到小球的位置。SS01 远程传感器模块与 BB01 类似。

■**建议**：定期使用酒精擦拭球、杆，以确保球杆系统正常运行。

BB01 型球杆系统的技术参数如表 4.2 所示，其中部分参数在系统数学建模时将会用到。

表 4.2　BB01 型球杆系统参数表

符 号	参 数	Matlab 变量	值
	球杆模块的质量		0.65 kg
	校准基板长度		50 cm
	校准基板深度		22.5 cm
L_{beam}	导轨长度	L_beam	42.55 cm
	操纵臂长度		12.0 cm
r_{arm}	SRV02 输出齿轮轴与紧固螺杆的距离	r_arm	2.54 cm
	支撑臂长度		16.0 cm
r_b	小球半径	r_ball	1.27 cm
m_b	小球质量	m_ball	0.064 kg

符　号	参　数	Matlab 变量	值
k_{bs}	小球位置传感器灵敏度	K_BS	-4.25 cm/V
V_{bias}	小球位置传感器偏置电源		±12 V
V_{range}	小球位置传感器输出范围		±5 V

图 4.4 标注了球杆系统的结构尺寸及相关参数，其中，α 为导轨倾斜角；θ_l 为负载齿轮轴与紧固螺杆的连线与水平方向的夹角；x 为小球距导轨顶端（操纵臂方向）的距离。

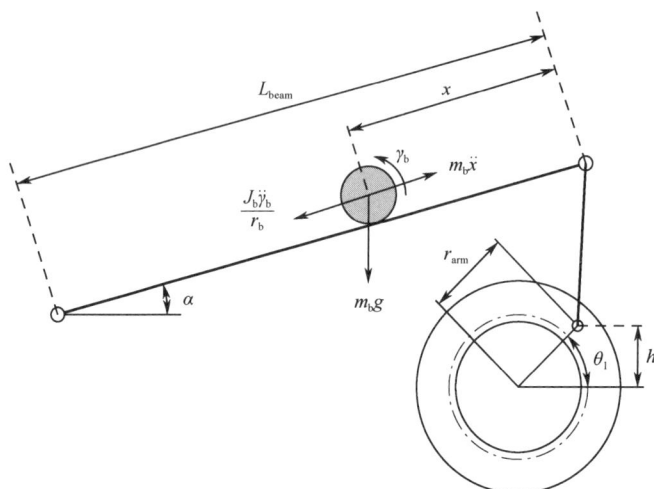

图 4.4　球杆系统结构尺寸及相关参数标注图

4.1.3　系统装配与设备连接

■注意：硬件装配与连接须在断电情况下进行！

1．硬件装配与校准

球杆系统的装配与校准步骤如下（确保 SRV02 为高传动比配置）：

（1）如图 4.3（a）所示，将校准基板平放在桌面上，将 SRV02 旋转伺服基本单元与支撑底座分别放进校准基板相应的开孔位置。

（2）如图 4.5 所示，将联轴器螺杆插入 120 齿的负载齿轮的螺孔并拧紧，手动旋转负载齿轮，使联轴器螺钉与 SRV02 面板上的 0 度线对齐。

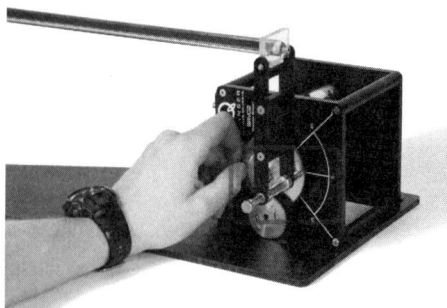

图 4.5　将 BB01 连接到 SRV02，并将齿轮旋转到 0 度

（3）如图 4.6 所示，保持负载齿轮为 0 度，将球放置在导轨的中心，使用 9/64 六角扳手松开支撑臂固定螺钉，调整支撑臂的高度，使导轨大致水平，球保持不动。

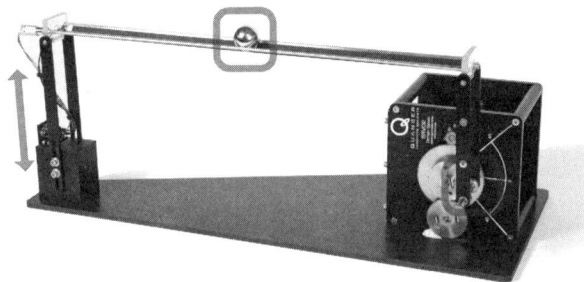

图 4.6　调整支撑臂高度，使得小球能够稳定在导轨中间

（4）如图 4.7 所示，拧紧支撑臂上的 4 个固定螺钉，完成球和导轨的校准。

图 4.7　拧紧螺钉以固定支撑臂高度

2. 设备连接

本实验使用的硬件设备如下：

功率放大器：VoltPAQ-X1、VoltPAQ-X2，或类似产品。

数据采集板：QPID、QPIDe、Q8-USB、Q2-USB，或类似产品。

旋转伺服部件：SRV02-ET、SRV02-ETS，或类似产品。

球杆系统组件：BB01 模块、SS01 模块。

■注意：当使用 VoltPAQ-X1 等型号的功率放大器时，为了保证电机安全，**确保将功率放大器的增益设置为 1**！

下面介绍 SRV02、球杆系统组件与数据采集板、功率放大器的典型连接方式。当采用 Q2-USB 型数据采集板、VoltPAQ-X1 型功率放大器时，BB01 型（SS01 型）球杆平衡控制系统的硬件接线方式见表 4.3，接线图如图 4.8 所示。数据采集板、功率放大器为其他型号时的连接方式可参考 3.1.3 节内容。

表 4.3　BB01 型（SS01 型）球杆平衡控制系统的硬件接线方式（采用 Q2-USB、VoltPAQ-X1）

线　　号	起 始 端 口	终 止 端 口	信 号 说 明	电 缆 型 号
1	数据采集板： DAC #0	功率放大器： Amplifier Command 端口	将数据采集板 AO 0 端口输出的控制信号送到功率放大器	RCA 电缆： 2RCA to 2RCA

线　号	起 始 端 口	终 止 端 口	信 号 说 明	电 缆 型 号
2	功率放大器： To Load 端口	SRV02： Motor 端口	将放大后的控制电压施加到 SRV02 直流电机的控制端	电机电缆： 6-pin DIN to 4-pin DIN
3	SRV02： Encoder 端口	数据采集板： Encoder Input #0	SRV02 负载轴角测量	编码器电缆： 5-pin stereo DIN to 5-pin stereo DIN
4	功率放大器： To ADC 端口	数据采集板： S3（红色）到 ADC #0 S4（黑色）到 ADC #1	将 BB01 和 SS01 的球位置测量信号送到数据采集板的 AI 通道#0 和#1	5-pin DIN to 4RCA
5	BB01： 球位置传感器端口	功率放大器： S3 端口	球杆系统（BB01）小球位置测量	模拟电缆： 6-pin mini DIN to 6-pin mini DIN
6	SS01： 球位置传感器端口	功率放大器： S4 端口	远程传感器（SS01）小球位置测量	模拟电缆： 6-pin mini DIN to 6-pin mini DIN

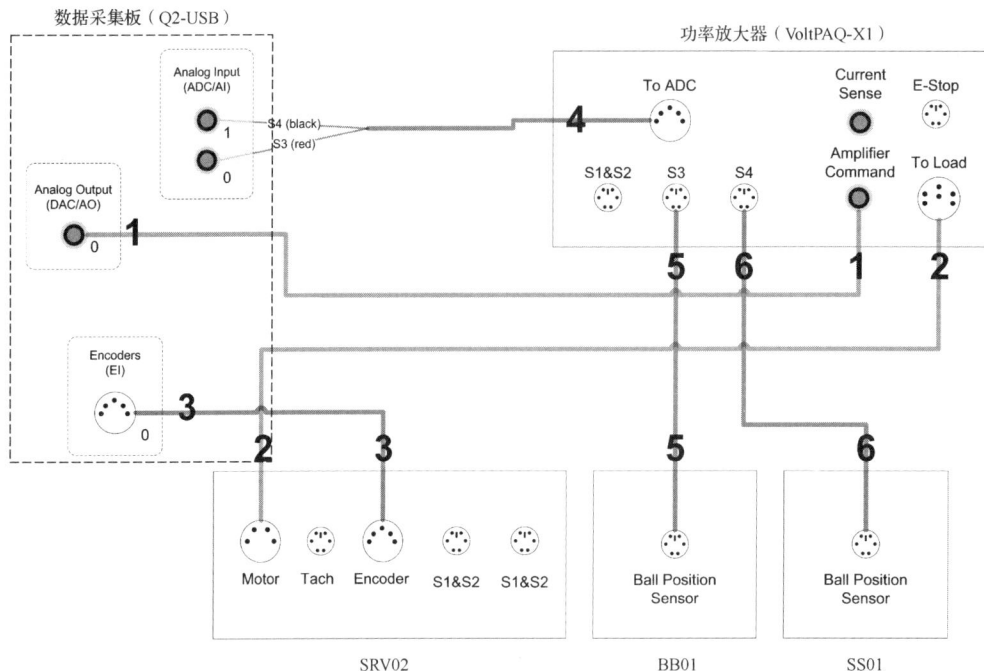

图 4.8　球杆平衡控制系统的硬件接线图

4.2　系统分析与建模

4.2.1　机理法建模

如图 4.9 所示为球杆系统开环方框图。球杆系统由旋转伺服基本单元（SRV02）和球杆系统组件（BB01）两部分组成。

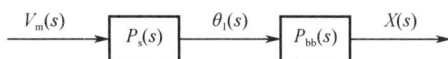

图 4.9　球杆系统开环方框图

本节将利用机理法求解该系统的开环传递函数：

$$P(s) = P_s(s)P_{bb}(s) \tag{4.1}$$

SRV02 的传递函数为

$$P_s(s) = \frac{\Theta_l(s)}{V_m(s)} = \frac{K}{s(Ts+1)} \tag{4.2}$$

该传递函数描述了负载轴角位置 $\theta_l(t)$ 与控制电压 $V_m(t)$ 的关系。当 SRV02 为高传动比配置且无负载时，其模型参数 K 和 T 分别为

$$K = 1.53 \text{ rad/(s·V)}$$
$$T = 0.0248 \text{ s}$$

■注意：这里的参数值与第 3 章建模实验得到的值不同，此处不包含惯性圆盘负载。

BB01 的传递函数为

$$P_{bb}(s) = \frac{X(s)}{\Theta_l(s)} \tag{4.3}$$

该传递函数描述了小球位置 $x(t)$ 与 SRV02 负载轴角位置 $\theta_l(t)$ 的关系，该传递函数可通过其运动方程得到。

1. 球杆非线性运动模型

本节我们将推导小球位置 x 相对于导轨倾斜角 α 的运动方程。球杆系统中小球的受力情况如图 4.10 所示。

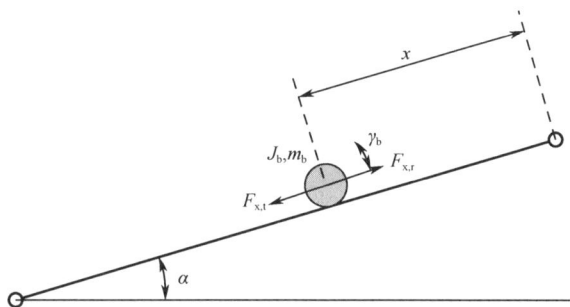

图 4.10　球杆系统中小球的受力分析图

根据牛顿运动定律，可以建立小球沿导轨方向的运动方程为

$$m_b \left(\frac{d^2}{dt^2} x(t) \right) = \sum F \tag{4.4}$$

式中，m_b 为小球质量。忽略摩擦和黏滞阻尼，小球受力情况为

$$m_b \left(\frac{d^2}{dt^2} x(t) \right) = F_{x,t} - F_{x,r} \tag{4.5}$$

式中，$F_{x,r}$ 是小球的惯性力，$F_{x,t}$ 是小球所受重力沿导轨的分量。当小球处于平衡状态时，惯性力必须等于小球自身重力的分量。小球的详细受力分析图如图 4.11 所示。

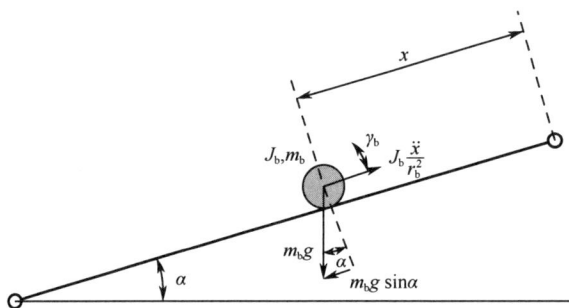

图 4.11　球杆系统中小球的详细受力分析图

小球所受重力在 x 方向的分量 $F_{x,t}$ 为

$$F_{x,t} = m_b g \sin \alpha(t) \tag{4.6}$$

小球滚动产生的惯性力为

$$F_{x,r} = \frac{\tau_b}{r_b} \tag{4.7}$$

式中，r_b 为小球半径，τ_b 为小球转矩，且

$$\tau_b = J_b \left(\frac{d^2}{dt^2} \gamma_b(t) \right) \tag{4.8}$$

式中，J_b 为小球的转动惯量，γ_b 为小球滚动的角度。利用扇形公式 $x(t) = \gamma_b(t) r_b$，可以进行线位移和角位移间的转换。因此，小球在 x 方向产生的惯性力为

$$F_{x,r} = \frac{J_b \left(\dfrac{d^2}{dt^2} x(t) \right)}{r_b^2} \tag{4.9}$$

将式（4.6）、式（4.9）代入式（4.5），整理可得球杆系统的非线性运动方程为

$$\frac{d^2}{dt^2} x(t) = \frac{m_b g \sin \alpha(t) r_b^2}{m_b r_b^2 + J_b} \tag{4.10}$$

2. 添加 SRV02 动力学方程

本节将推导小球位置 x 相对于 SRV02 负载轴角位置 θ_l 的运动学方程。此方程是非线性的，在控制系统设计中需要对其进行线性化处理。

根据图 4.4，有

$$\sin \alpha(t) = \frac{h}{L_{beam}} \tag{4.11}$$

$$\sin \theta_l(t) = \frac{h}{r_{arm}} \tag{4.12}$$

由式（4.11）、式（4.12）可得导轨倾斜角 $\alpha(t)$ 与负载轴角位置 $\theta_l(t)$ 的关系为

$$\sin \alpha(t) = \frac{\sin \theta_l(t) r_{arm}}{L_{beam}} \tag{4.13}$$

将式（4.13）代入式（4.10），可得

$$\frac{\mathrm{d}^2}{\mathrm{d}t^2}x(t) = \frac{m_{\mathrm{b}}g\sin\theta_{\mathrm{l}}(t)r_{\mathrm{arm}}r_{\mathrm{b}}^2}{L_{\mathrm{beam}}(m_{\mathrm{b}}r_{\mathrm{b}}^2 + J_{\mathrm{b}})} \qquad (4.14)$$

为了得到描述小球位置 x 相对于 SRV02 负载轴角位置 θ_{l} 的运动方程，需要在 $\theta_{\mathrm{l}} = 0$ 附近对运动方程进行线性化处理，即

$$\sin\theta_{\mathrm{l}}(t) \approx \theta_{\mathrm{l}}(t) \qquad (4.15)$$

将式（4.15）代入式（4.14），可得 BB01 的线性化运动学方程

$$\frac{\mathrm{d}^2}{\mathrm{d}t^2}x(t) = \frac{m_{\mathrm{b}}gr_{\mathrm{arm}}r_{\mathrm{b}}^2}{L_{\mathrm{beam}}(m_{\mathrm{b}}r_{\mathrm{b}}^2 + J_{\mathrm{b}})}\theta_{\mathrm{l}}(t) \qquad (4.16)$$

为简化起见，将 $\theta_{\mathrm{l}}(t)$ 的系数用参数 K_{bb} 表示，则式（4.16）写成

$$\frac{\mathrm{d}^2}{\mathrm{d}t^2}x(t) = K_{\mathrm{bb}}\theta_{\mathrm{l}}(t) \qquad (4.17)$$

式中，$K_{\mathrm{bb}} = \dfrac{m_{\mathrm{b}}gr_{\mathrm{arm}}r_{\mathrm{b}}^2}{L_{\mathrm{beam}}(m_{\mathrm{b}}r_{\mathrm{b}}^2 + J_{\mathrm{b}})}$，称为球杆系统组件的模型增益（即放大系数）。对式（4.17）求拉氏变换，得球杆系统组件的传递函数为

$$P_{\mathrm{bb}}(s) = \frac{X(s)}{\Theta_{\mathrm{l}}(s)} = \frac{K_{\mathrm{bb}}}{s^2} \qquad (4.18)$$

3. 球杆系统的传递函数

由于旋转伺服基本单元（SRV02）和球杆系统组件（BB01）是串联的，所以球杆系统小球位置对于电机控制电压的传递函数等于上述两个模块传递函数的乘积，由式（4.1）、式（4.2）、式（4.18）得

$$P(s) = \frac{X(s)}{V_{\mathrm{m}}(s)} = \frac{K_{\mathrm{bb}}K}{s^3(Ts + 1)} \qquad (4.19)$$

4.2.2 球杆系统串级控制设计

1. 系统设计指标

对于 SRV02 负载轴角位置控制系统，性能指标要求如下：

稳态误差：$e_{\mathrm{ss}} = 0$；

峰值时间：$t_{\mathrm{p}} \leqslant 0.15\,\mathrm{s}$；

超调量：$\mathrm{PO} \leqslant 5\%$。

对于小球位置控制系统，性能指标要求如下：

稳态误差：$|e_{\mathrm{ss}}| \leqslant 0.005m$；

调节时间：$t_{\mathrm{s}} = 3.5\,\mathrm{s}$；

误差带：$c_{\mathrm{ts}} = 0.04$；

超调量：$\mathrm{PO} \leqslant 10.0\%$。

2. 控制系统结构设计

球杆系统平衡控制采用如图 4.12 所示的串级控制方式。对于外回路，控制器 $C_{\mathrm{bb}}(s)$ 根据小球的设定位置与实测位置计算出伺服负载的期望轴角 $\Theta_{\mathrm{d}}(s)$。内回路是一个伺服位置控制系统，伺服控制器 $C_{\mathrm{s}}(s)$ 计算出跟踪期望负载轴角所需的电机电压。

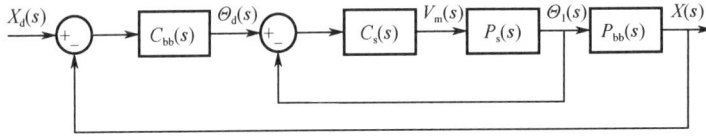

图 4.12　球杆系统小球位置串级控制方框图

3. 内回路控制器设计

内回路的伺服位置控制器设计可以参见第 3 章的 SRV02 位置控制实验。当 $C_s(s)$ 采用 PV 控制器时，需要计算控制器增益 k_p、k_v。

4. 外回路控制器设计

将内回路用传递函数 $G_s(s)$ 表示，则图 4.12 简化为图 4.13。假设内回路可以很好地实现伺服位置控制，即 $\theta_l(t) = \theta_d(t)$，则 $G_s(s) = 1$，此时内回路对外回路控制的影响可以忽略。

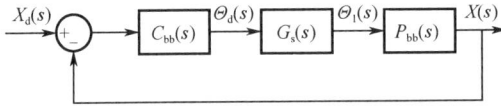

图 4.13　BB01 球杆系统模块控制系统方框图

1）理想 PD 控制器设计

传统的 PD 控制器形式为 $G_{PD}(s) = k_c(s + z)$，这里我们参照第 3 章的 SRV02 位置控制实验对该控制器进行一些调整，调整后的控制器结构如图 4.14 所示。控制中的微分器是独立作用的，它能够根据被控参数变化的速度及时进行校正，使系统具有较快的响应速度。

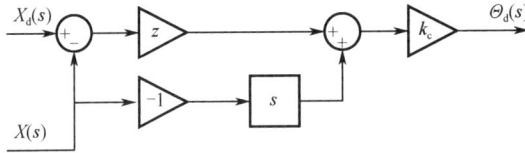

图 4.14　调整后的 PD 控制器结构（也称为理想 PV 控制器）

由图 4.14，可得外回路的控制律为

$$\Theta_d(s) = k_c(z(X_d(s) - X(s)) - sX(s)) \tag{4.20}$$

前面已经提到，当不考虑伺服单元的动态过程时，由于 $\Theta_d(s) = \Theta_l(s)$。将式（4.20）代入式（4.18），得球杆系统的传递函数为

$$\frac{X(s)}{X_d(s)} = \frac{K_{bb}k_c z}{s^2 + K_{bb}k_c s + K_{bb}k_c z} \tag{4.21}$$

图 4.14 中，z 和 k_c 分别是零点位置和控制器的增益，可以根据系统设计指标计算这两个控制器参数的值。

一个标准的二阶系统的传递函数为

$$\frac{Y(s)}{R(s)} = \frac{\omega_n^2}{s^2 + 2\zeta\omega_n s + \omega_n^2} \tag{4.22}$$

对比式（4.21）、式（4.22），可得

$$z = \frac{\omega_n}{2\zeta}, \quad k_c = \frac{2\zeta\omega_n}{K_{bb}}$$

2）实际 PD 控制器设计

使用模拟传感器测得的小球位置信号包含固有测量噪声，经微分作用后会产生放大的高频信号，该高频信号作用于电机不仅会产生摩擦噪音，甚至会损坏电机。所以 BB01 球杆系统模块实际使用的带一阶滤波器的 PD 控制器结构如图 4.15 所示，该控制器方案中的 $H(s)$ 除微分环节 s 外，还增加了一个一阶低通滤波器，即 $H(s) = \omega_f s/(s + \omega_f)$。利用低通滤波器可以滤除速度信号中的高频噪声。

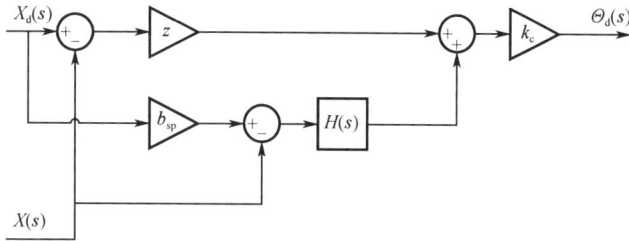

图 4.15　带一阶滤波器的 PD 控制器结构

为充分滤除 BB01 系统的测量噪声，设置低通滤波器的截止频率 ω_f 为 1 Hz。此外，添加设定值权重系数 b_{sp}，即改变用于计算速度误差的设定值，其作用是调节速度跟踪指令信号的幅值，改变闭环系统的跟踪速度。虽然在实际控制系统中，滤波器对改善系统的鲁棒性十分必要，但它也改变了原系统的结构。因此，需要重新计算控制器的增益和零点位置，以满足系统设计的指标要求。

由图 4.15，可得外回路控制律

$$\Theta_d(s) = k_c\left(z(X_d(s) - X(s)) + \frac{\omega_f s(b_{sp}X_d(s) - X(s))}{s + \omega_f}\right) \tag{4.23}$$

同样假设 $\Theta_l(s) = \Theta_d(s)$。将式（4.23）代入式（4.18），得球杆系统的传递函数为

$$\frac{X(s)}{X_d(s)} = \frac{K_{bb}k_c((z + \omega_f b_{sp})s + z\omega_f)}{s^3 + \omega_f s^2 + (K_{bb}k_c\omega_f + K_{bb}k_c z)s + K_{bb}k_c z\omega_f} \tag{4.24}$$

由图 4.13 可得 BB01 球杆系统模块控制器为

$$C_{bb}(s) = \frac{\Theta_d(s)}{X_d(s) - X(s)} \tag{4.25}$$

当实际 PD 控制器中设定值的权重系数 $b_{sp} = 1$ 时，由式（4.23）、式（4.25）可得

$$C_{bb}(s) = \frac{((z + \omega_f)s + z\omega_f)k_c}{s + \omega_f} \tag{4.26}$$

控制器 $C_{bb}(s)$ 的零点和极点分别是

$$z_c = \frac{-z\omega_f}{z + \omega_f}, \quad p_c = -\omega_f$$

由于 $p_c < z_c$，所以这是一个超前校正控制器。

三阶系统特征方程的标准形式为

$$(s^2 + 2\zeta\omega_n s + \omega_n^2)(1 + T_p s) = 0 \tag{4.27}$$

式中，T_p 为衰减速度以秒计的极点。将式（4.27）展开，三阶系统的特征方程变为

$$s^3 + \frac{(2\zeta\omega_n T_p + 1)}{T_p}s^2 + \frac{(\omega_n^2 T_p + 2\zeta\omega_n)}{T_p}s + \frac{\omega_n^2}{T_p} = 0 \tag{4.28}$$

由式（4.24）可知，实际 PD 控制的闭环系统的特征方程为

$$s^3 + \omega_f s^2 + (K_{bb}k_c\omega_f + K_{bb}k_c z)s + K_{bb}k_c z\omega_f = 0 \tag{4.29}$$

比较式（4.28）与式（4.29）s^2 项的系数，得到 $\omega_f = \dfrac{2\zeta\omega_n T_p + 1}{T_p}$。

根据设计性能要求，所需配置极点的位置为

$$T_p = \frac{1}{\omega_f - 2\zeta\omega_n} \tag{4.30}$$

4.3 实验准备

1. 计算式（4.17）中的 K_{bb} 值。提示：一个实心球体的转动惯量 $J = 2mr^2/5$。

2. 图 4.12 中，$C_s(s)$ 采用 PV 控制器时，计算满足性能指标的控制器增益 k_p、k_v。

3. 图 4.13 中，若 $C_{bb}(s) = 1$，且伺服动态过程可以忽略，当 $X_d(s) = R_0/s$ 时，计算 BB01 球杆系统的稳态误差。

   说明：3～13 题全部忽略伺服动态过程，即 $G_s(s) = 1$。

4. 图 4.13 中，若 $C_{bb}(s) = k_c$，求 BB01 球杆系统的闭环传递函数。

5. 画出 BB01 球杆系统 $P_{bb}(s)$ 的根轨迹。描述当 k_c 趋向于无穷大时极点的变化情况。

6. 计算满足系统设计性能指标要求（$t_s = 3.5\text{s}$、$PO = 10\%$）的最小阻尼比和自然频率。

7. 在第 5 题的根轨迹上，标出满足期望性能指标的极点位置。

   提示：根据第 6 题计算得到的最小阻尼比和自然频率，在左半平面画出半径为 ω_n 的圆弧，及与负实轴夹角为 $\cos^{-1}\zeta$ 的 2 条斜线，斜线与圆弧的交点即为极点位置。

8. 分别讨论当极点沿斜线远离原点，或沿着半圆弧向实轴方向移动时，系统响应的调节时间和超调量有什么变化。

9. 根据第 7 题的根轨迹，讨论采用比例控制器是否能够满足所需的控制性能指标。

10. 图 4.13 中，若采用传统的 PD 控制器，即 $C_{bb}(s) = k_c(s + z)$，求 BB01 球杆系统的误差传递函数。

11. 若采用第 10 题中的传统 PD 控制器，计算 BB01 闭环控制系统的稳态误差，讨论此稳态误差是否满足 4.2.2 节提出的指标要求。

12. 如果采用理想 PD 控制器，计算满足性能指标要求的控制器增益 k_c 和零点位置 z。

13. 如果采用实际 PD 控制器，列出控制器增益 k_c、零点位置 z 与满足 4.2.2 节指标要求的 ω_n、ζ，及所需滤波器截止频率 ω_f 的关系表达式。然后，计算满足指标要求的极点位置 T_p、零点位置 z 及控制器增益 k_c。

4.4　实验练习

实验内容：

采用串级控制方式实现球杆系统的位置控制。具体实验项目如下：

（1）运用理想 PD 控制器的串级控制系统仿真：

● 不考虑伺服单元

● 考虑伺服单元

（2）运用实际 PD 控制器、考虑伺服单元的串级控制：

● 系统仿真

● 实际系统实验

4.4.1　运用理想 PD 控制器的串级控制系统仿真

1.　不考虑伺服单元的系统仿真

当不考虑伺服单元的动态过程时，$\theta_l(t) = \theta_d(t)$，BB01 球杆系统小球位置控制仿真的 Simulink 模型如图 4.16 所示。

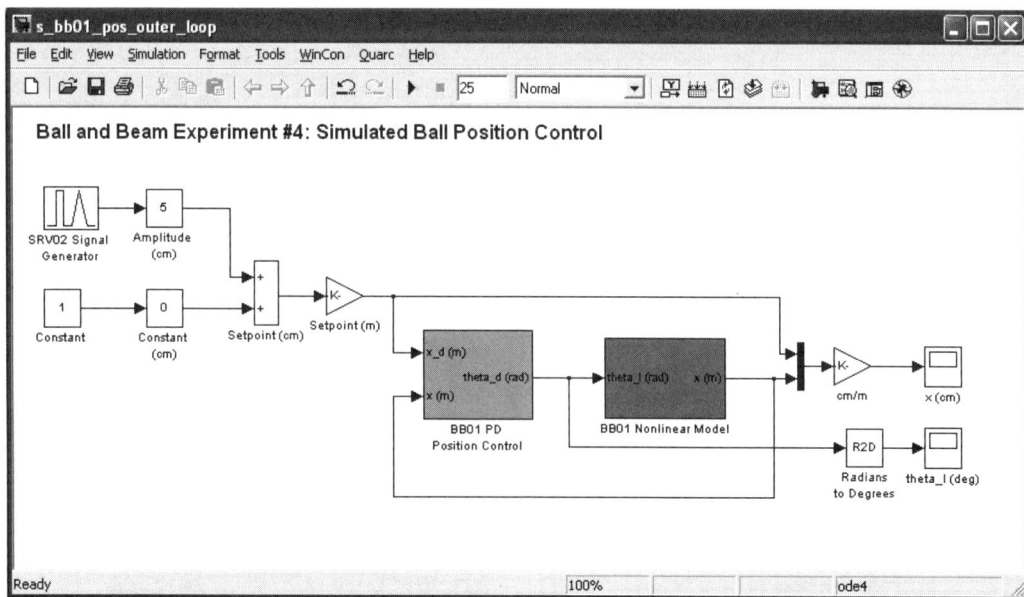

图 4.16　BB01 小球位置控制仿真的 Simulink 模型（忽略伺服单元）

图中"BB01 Nonlinear Model"模块包含了式（4.18）所描述的 $P_{bb}(s)$ 传递函数，"BB01 PD Position Control"模块为理想 PD 控制器。在控制器模块中采用"Saturation"功能块将 SRV02 的负载轴角限制在±56 度之间。

实验步骤：

（1）打开系统提供的 Simulink 仿真模型 "s_bb01_pos_outer_loop.mdl"。

（2）打开脚本文件 "setup_srv02_exp04_bb01.m"，配置模型参数和性能指标参数，设置外部齿轮为"高"，负载类型为"无"，控制类型为"手动"。运行脚本，结果如下：

```
SRV02 model parameters:
K = 1.53 rad/s/V
tau = 0.0248 s
SRV02 Specifications:
tp = 0.15 s
PO = 5%
BB01 model parameter:
K_bb = 0 m/s^2/rad
BB01 Specifications:
ts = 3.5 s
PO = 10 %
Calculated SRV02 PV control gains:
kp = 0 V/rad
kv = 0 V.s/rad
Natural frequency and damping ratio:
wn = 0 rad/s
zeta = 0
BB01 PD compensator:
Kc = 0 rad/m
z = 1 rad/s
wf = 6.28 rad/s
```

（3）在 Matlab 中，输入 4.3 节第 1 题得到的 BB01 模型增益 K_{bb}（赋值给 K_bb），及第 12 题得到的控制器增益 k_c 和零点位置 z。

（4）利用 Matlab 画出采用理想 PD 控制器时 BB01 闭环传递函数的根轨迹。利用 sgrid 指令生成虚线以显示期望极点的位置，确保当增益为 4.3 节第 12 题的计算值时根轨迹通过期望的极点。

（5）在 Simulink 图中，设置信号发生器模块，使其产生振幅为 1.0、频率为 0.05 Hz 的方波信号。设置幅值增益模块"Amplitude"为 5，以产生一个幅值为 10.0 cm 的阶跃信号。

（6）打开负载轴角位置示波器和小球位置示波器。

（7）编译、连接并运行 QUARC 控制器。默认情况下，仿真运行时间为 25 s。示波器的响应结果应该类似于图 4.17。

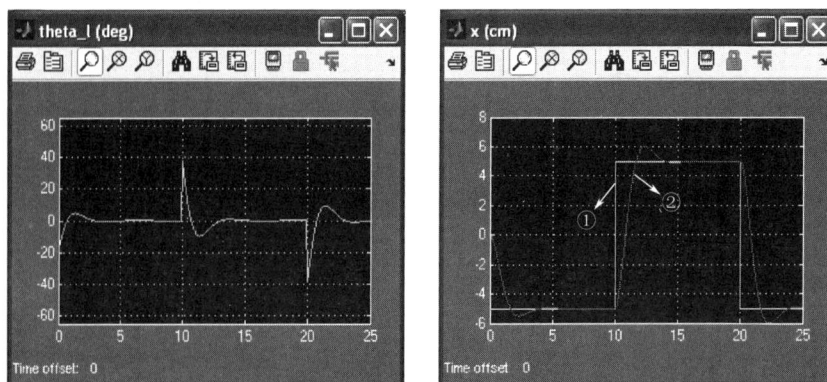

(a) 负载轴角位置响应   (b) 小球位置响应（①-设定值，②-响应）

图 4.17 理想 PD 控制的 BB01 系统小球位置阶跃响应

（8）绘制仿真系统负载轴角位置响应与小球位置响应的 Matlab 曲线。

提示：可以通过设置示波器模块，将测量数据保存到 Matlab 工作区的变量中。对于系统提供的 Simulink 模型，当控制器结束运行时，负载轴角位置响应数据被保存到 Matlab 工作区的 date_theta_l 变量中，其中，date_theta_l (:,1) 为时间向量，date_theta_l (:,2) 为负载轴角位置。小球位置响应数据被保存到 date_x 变量中，其中，data_x (:,1) 为时间向量，data_x (:,2) 为小球设定位置，data_x (:,3) 为小球仿真位置。（有关数据保存及 Matlab 曲线绘制的方法，可以参考附录 A）

（9）测量系统的稳态误差、调节时间和超调量。

（10）检查当负载轴角限制在 ±56 度之间，不考虑伺服单元时的 BB01 系统的理想 PD 控制响应是否满足 4.2.2 节提出的性能指标要求（可以将调节时间指标放宽到 3.75 s）。如果稳态误差和超调量不能满足设计要求，且调节时间也超过要求，则需返回重新设计。如果调节时间不满足设定要求（3.5 s），但小于 3.75 s，解释导致这一结果的可能原因。

2. 考虑伺服单元的系统仿真

考虑伺服单元时，BB01 球杆系统小球位置串级控制仿真的 Simulink 模型如图 4.18 所示。图中 "SRV02+BB01 Model" 模块包含了 BB01 组件的非线性模型及 SRV02 伺服基本单元的电压-位置模型，"SRV02 PV Position Control" 模块为内回路 PV 控制器。

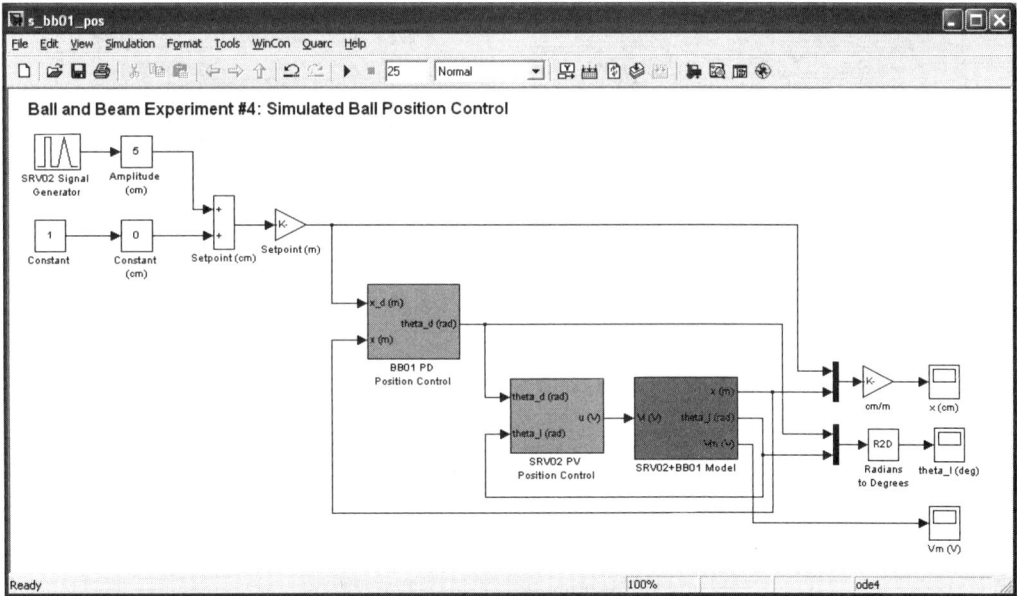

图 4.18　BB01 球杆系统小球位置串级控制仿真的 Simulink 模型（考虑伺服单元）

由于该串级控制方式最终将应用于实际的 SRV02+BB01 设备，所以在这之前，需要保证伺服单元加入后，系统仍然能够满足性能指标要求。另外，伺服角度必须限制在 ±56 度之间，伺服电机控制电压不能超过 ±10 V。

实验步骤：

（1）打开系统提供的 Simulink 仿真模型 "s_bb01_pos.mdl"。

（2）打开脚本文件 "setup_srv02_exp04_bb01.m"，配置模型参数和性能指标参数，相关设置同前。然后运行该脚本文件。

（3）在 Matlab 中，输入 4.3 节第 1 题得到的 BB01 模型增益 K_{bb} 及第 12 题得到的控制增益 k_c 和零点位置 z。

（4）在 Matlab 中，输入 SRV02 模型参数 K 和 T（时间常数 T 用变量 tau 表示）。

（5）在 Matlab 中，输入第 2 题得到的 PV 控制器增益 k_p、k_v。

（6）在 Simulink 图中，设置信号发生器模块，使其产生振幅为 1.0、频率为 0.05 Hz 的方波信号。设置幅值增益模块"Amplitude"为 5，以产生一个幅值为 10.0 cm 的阶跃信号。

（7）打开电机控制电压示波器、负载轴角位置示波器和小球位置示波器。

（8）在"BB01 PD Position Control"模块中，设置手控开关"Manual Switch"为向上位置，使用理想 PD 控制器。

（9）编译、连接并运行 QUARC 控制器。默认情况下，仿真运行时间为 25 s。示波器的响应结果应该类似于图 4.19。图 4.19（b）中，外回路控制器输出的负载轴角位置参考值与仿真系统负载轴角位置响应几乎重合。

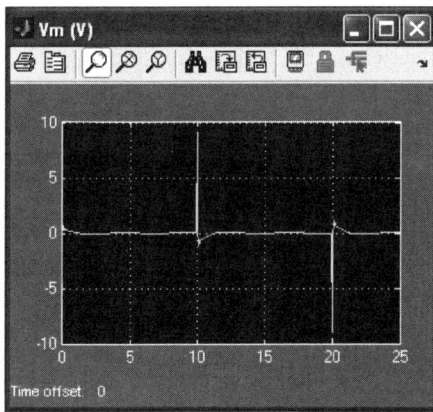

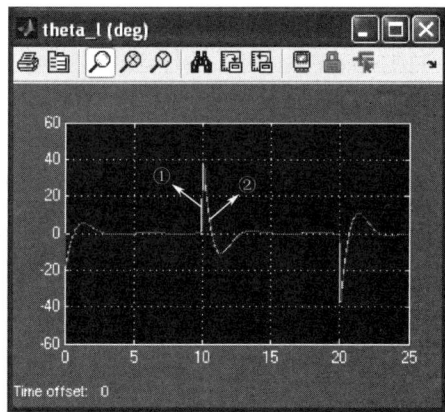

（a）电机控制电压　　　　　　　　　（b）负载轴角位置响应（①-参考值，②-响应）

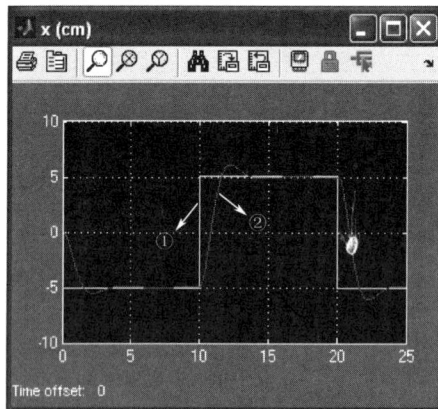

（c）小球位置响应（①-设定值，②-响应）

图 4.19　理想 PD 控制的 BB01 串级控制系统小球位置阶跃响应

（10）绘制该仿真系统电机电压、负载轴角位置、小球位置响应的 Matlab 曲线。

（11）测量系统的稳态误差、调节时间和超调量。

（12）分析考虑伺服单元后 BB01 系统的理想 PD 控制响应是否满足 4.2.2 节提出的性能指标要求。如果部分性能指标未达到要求，不需要重新设计。

4.4.2 运用实际 PD 控制器、考虑伺服单元的串级控制

1. 实际 PD 控制的系统仿真

本仿真实验使用的 Simulink 模型与 4.4.1 节实验 2 相同，如图 4.18 所示。

实验步骤：

（1）打开系统提供的 Simulink 仿真模型 "s_bb01_pos.mdl"。

（2）打开脚本文件 "setup_srv02_exp04_bb01.m"，配置模型参数和性能指标参数，相关设置同前。然后运行该脚本文件。

（3）在 Matlab 中，输入 BB01 模型增益 K_{bb} 及第 13 题得到的控制器增益 k_c 和零点位置 z（滤波器截止频率 ω_f 在脚本文件中已经设置）。

（4）参照 4.4.1 节实验 2 中的步骤（4）～（6）设置 SRV02 模型参数、PV 控制器参数及信号发生器模块。

（5）在 "BB01 PD Position Control" 模块中，设置手控开关 "Manual Switch" 为向下位置，使用实际 PD 控制器。

（6）利用 Matlab 画出采用实际 PD 控制器时 BB01 闭环传递函数的根轨迹，并在图上标注期望极点的位置，确保当增益为 4.3 节第 13 题的计算值时根轨迹通过期望的极点。

（7）打开电机控制电压示波器、负载轴角位置示波器和小球位置示波器。

（8）编译、连接并运行 QUARC 控制器。默认情况下，仿真运行时间为 25 s。示波器的响应结果应该类似于图 4.20。图 4.20（b）中，负载轴角位置参考值曲线与仿真系统负载轴角位置响应几乎重合。

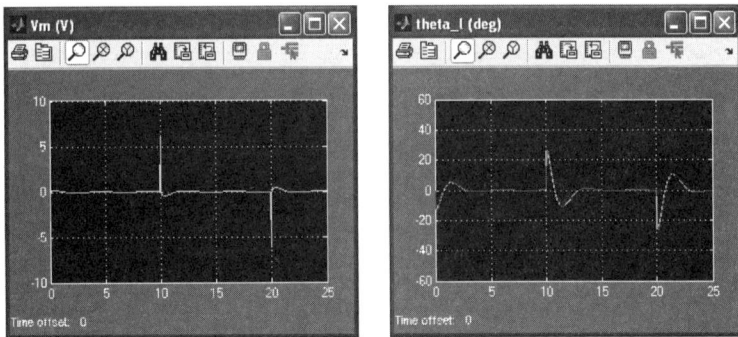

（a）电机控制电压   （b）负载轴角位置响应

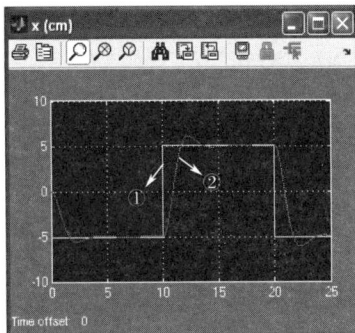

（c）小球位置响应（①-设定值，②-响应）

图 4.20　实际 PD 控制的 BB01 串级控制系统小球位置阶跃响应

（9）绘制该仿真系统电机电压、负载轴角位置、小球位置响应的 Matlab 曲线。

（10）测量系统的稳态误差、调节时间和超调量，检查性能指标是否满足设计要求。

（11）如果不能满足设计要求，则需要调整控制器参数。一种方法是按照更加严格的指标要求重新设计控制器的增益 k_c、零点位置 z 和极点位置 T_p。例如，尝试将超调量由10.0%调整为8%，重新设计控制器，并利用新的控制器参数进行仿真（可参考系统提供的脚本文件"d_bb01_specs.m"和"d_bb01_pd.m"，该文件能够根据超调量、调节时间和滤波器的截止频率等指标自动计算出控制器参数）。滤波器的截止频率仍然取 1 Hz。

（12）记录整定得到的满足性能指标要求的控制器增益和零点位置（记作 **PD#1**），以及得到该控制器参数的新的性能指标。

（13）绘制该控制器参数下的电机电压、负载轴角位置、小球位置响应的 Matlab 仿真曲线。

（14）给出最终仿真系统的稳态误差、调节时间和超调量。

2．实际 PD 控制的系统实验

BB01 球杆系统小球位置串级控制的 Simulink 模型如图 4.21 所示。图中"SRV02-ET+BB01"模块包含了与 BB01 球杆系统中直流电机和传感器相连的 QUARC 接口模块，"BB01 PD Position Control"模块为实际 PD 控制器。

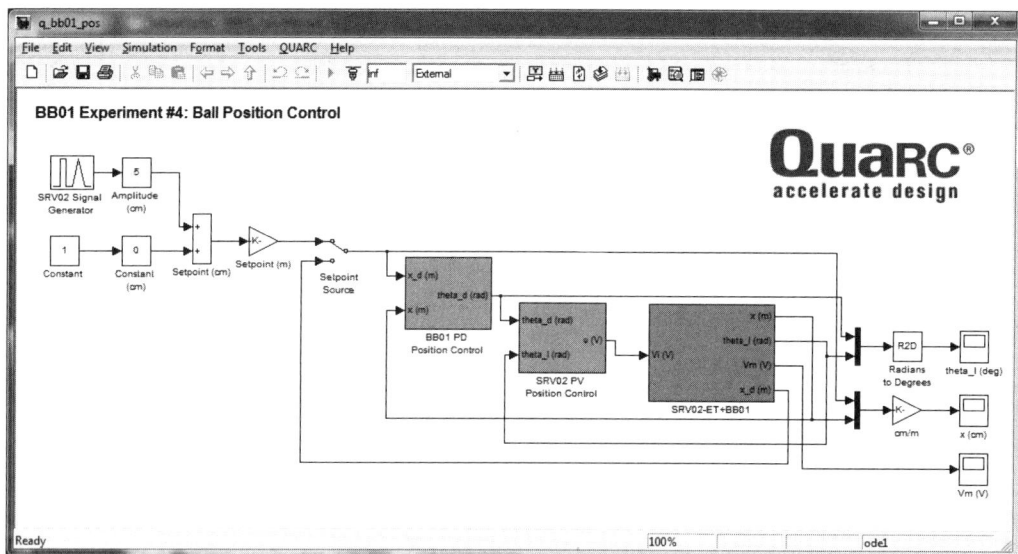

图 4.21　BB01 小球位置串级控制的 Simulink 模型

实验步骤：

（1）打开系统提供的 Simulink 模型"q_bb01_pos.mdl"，双击"SRV02-ET+BB01"模块中的"HIL Initialize"模块，确认已配置为安装在系统中的 DAQ 设备。将"Setpoint Source"开关打到上方，通过信号发生器模块产生设定位置信号。

（2）打开脚本文件"setup_srv02_exp04_bb01.m"，配置性能指标参数，相关设置同前。然后运行该脚本文件。

（3）在 Matlab 中，输入 BB01 模型增益 K_{bb} 及仿真实验中整定好的实际 PD 控制器参数 **PD#1**。

（4）参照 4.4.1 节实验 2 中的步骤（4）～（6）设置 SRV02 模型参数、PV 控制器参数及信号发生器模块。

（5）接通功率放大器、数据采集板电源。

（6）打开电机控制电压示波器、负载轴角位置示波器和小球位置示波器。

（7）编译、连接并运行 QUARC 控制器。示波器的响应结果应该类似于图 4.22，图 4.22（b）中，负载轴角位置参考值曲线与系统负载轴角位置响应几乎重合。

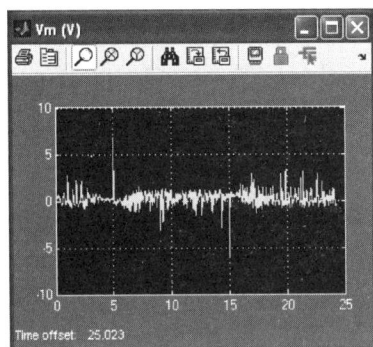

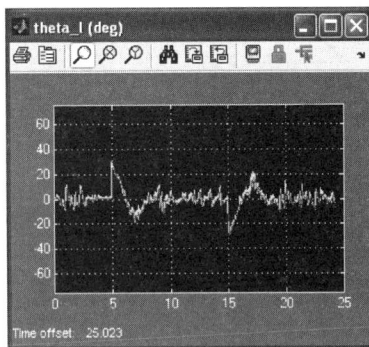

（a）电机控制电压 　　　　　　　　　　（b）负载轴角位置响应

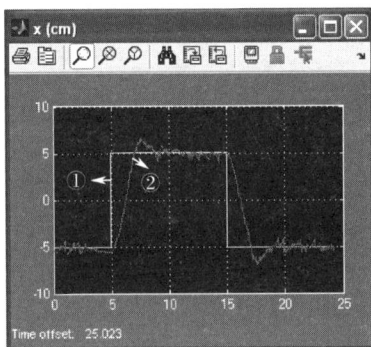

（c）小球位置响应（①-设定值，②-响应）

图 4.22　实际 PD 控制的 BB01 串级控制系统小球位置阶跃响应

（8）一旦获得合适的系统响应，结束 QUARC 控制器的运行。

（9）绘制实验系统电机电压、负载轴角位置、小球位置响应的 Matlab 曲线。

（10）测量系统的稳态误差、调节时间和超调量，检查性能指标是否满足设计要求。分析采用仿真设计得到的控制器参数可能无法使实际系统获得良好控制性能的原因。

（11）如果不能满足设计要求，按照 4.4.2 节实验 1 步骤（11）描述的方法调整控制器参数，并再次进行实验，直到获得满意的控制结果。如果稳态误差达不到要求，可以在外回路控制器中引入积分环节。具体方法是，在 "BB01 PD Position Control" 模块中添加 "Integral Gain" 模块，并逐渐增大积分作用，直到误差满足要求。简要介绍得到新的控制器参数（包括积分增益）的过程，及得到的控制器增益和零点位置的值（记作 **PD#2**）。

（12）利用实际 PD 控制器参数 **PD#2** 重新进行系统实验，绘制响应的 Matlab 曲线。

（13）给出测得的稳态误差、调节时间和超调量，检查性能指标是否满足设计要求。

（14）确认 QUARC 控制器已结束运行。

（15）如果不在 SRV02 上进行其他实验，则设备断电。

4.5 实验结果

BB01 球杆系统位置控制结果总结见表 4.4。

表 4.4　BB01 球杆系统位置控制结果总结

章节 / 问题	项　目	参　数	符　号	数　值	单　位
问题 2	PV 控制器设计	比例增益	k_p		
		速度增益	k_v		
问题 12	理想 PD 控制器设计	控制器增益	k_c		
		零点位置	z		
问题 13	实际 PD 控制器设计	控制器增益	k_c		
		零点位置	z		
		极点位置	T_p		
4.4.1 节	1. 仿真实验 理想 PD 控制 不考虑伺服单元	稳态误差	e_{ss}		
		调节时间	t_s		
		超调量	PO		
	2. 仿真实验 理想 PD 控制 考虑伺服单元	稳态误差	e_{ss}		
		调节时间	t_s		
		超调量	PO		
4.4.2 节	1. 仿真实验： 实际 PD 控制 考虑伺服单元	稳态误差	e_{ss}		
		调节时间	t_s		
		超调量	PO		
	1. 仿真实验： 实际 PD#1 控制 考虑伺服单元	控制器增益	k_c		
		零点位置	z		
		稳态误差	e_{ss}		
		调节时间	t_s		
		超调量	PO		
	2. 系统实验： 实际 PD#1 控制	稳态误差	e_{ss}		
		调节时间	t_s		
		超调量	PO		
	2. 系统实验： 实际 PD#2 控制	控制器增益	k_c		
		零点位置	z		
		稳态误差	e_{ss}		
		调节时间	t_s		
		超调量	PO		

第5章　旋转柔性尺

5.1　系统介绍

5.1.1　系统结构

Quanser 旋转柔性尺（如图 5.1 所示）由柔性尺模块和 SRV02 旋转伺服基本单元组成。柔性尺模块包含一个不锈钢材质的薄型柔性尺和一个应变计，柔性尺的一端固定在应变计中。柔性尺模块经 SRV02 直流电机驱动可以在水平面内绕固定端旋转，其偏转角可通过应变计进行测量，应变计的输出是一个正比于柔性尺偏转角的模拟信号。基于该系统可进行多个柔性尺控制实验。

图 5.1　Quanser 旋转柔性尺

柔性尺系统的控制与许多大型轻质空间结构的控制问题类似，由于重量约束导致柔性结构必须采用反馈控制技术。利用该旋转柔性尺，不仅可以很好地模拟机器人、航天器上柔性连杆的工作状态，还可以进行系统的振动分析和共振研究。

旋转柔性尺基本组件见表 5.1，图 5.2 标注了对应的各个组件。

图 5.2　旋转柔性尺组件标注图

表5.1　旋转柔性尺基本组件

序　号	组件名称	序　号	组件名称
1	SRV02旋转伺服基本单元	6	指旋螺钉
2	柔性尺模块	7	应变计信号端口
3	柔性尺	8	偏移量校准电位计
4	应变计	9	增益校准电位计
5	应变计电路		

5.1.2　柔性尺模块技术参数

柔性尺模块的技术参数如表5.2所示。

表5.2　柔性尺模块参数

符　号	参　数	值
	模块尺寸	48×2 cm
L_1	柔性尺长度（从应变计至末端）	41.9 cm
m_1	柔性尺质量	0.065 kg
J_1	柔性尺转动惯量	0.0038 kg·m^2
	应变计工作电压	±12 V
	应变计测量范围	±5 V
	应变计校准增益	1/16.5 rad/V

5.1.3　系统装配与设备连接

■注意：硬件装配与连接须在断电情况下进行！

1. 硬件装配

旋转柔性尺系统的装配步骤如下（确保SRV02为高传动比配置）：

（1）将柔性尺模块放在SRV02旋转伺服基本单元的负载轴上。

（2）将指旋螺钉插入72齿的负载齿轮的螺孔并拧紧，固定柔性尺模块，如图5.2所示。

2. 设备连接

本实验使用的硬件设备如下：

功率放大器：VoltPAQ-X1、VoltPAQ-X2，或类似产品。

数据采集板：QPID、QPIDe、Q8-USB、Q2-USB，或类似产品。

旋转伺服部件：SRV02-ET、SRV02-ETS，或类似产品。

柔性尺模块：FLEXGAGE模块。

■注意：当使用VoltPAQ-X1等型号功率放大器时，为了保证电机安全，**确保将功率放大器的增益设置为1**！

下面介绍SRV02、柔性尺模块与数据采集板、功率放大器的典型连接方式。当采用Q2-USB型数据采集板、VoltPAQ-X1型功率放大器时，旋转柔性尺控制系统的硬件接线方式见表 5.3，接线图如图 5.3 所示。数据采集板、功率放大器为其他型号时的连接方式可参考 3.1.3 节内容。

表 5.3　旋转柔性尺控制系统的硬件接线方式（采用 Q2-USB、VoltPAQ-X1）

线　　号	起 始 端 口	终 止 端 口	信 号 说 明	电 缆 型 号
1	数据采集板： DAC #0	功率放大器： Amplifier Command 端口	将数据采集板 AO 0 端口输出的控制信号送到功率放大器	RCA 电缆： 2RCA to 2×RCA
2	功率放大器： To Load 端口	SRV02： Motor 端口	将放大后的控制电压施加到 SRV02 直流电机的控制端	电机电缆： 6-pin DIN to 4-pin DIN
3	SRV02： Encoder 端口	数据采集板： Encoder Input #0	SRV02 负载轴角测量	编码器电缆： 5-pin stereo DIN to 5-pin stereo DIN
4	功率放大器： To ADC 端口	数据采集板： S2（白色）到 ADC #0	将柔性尺上的应变计测量信号送到数据采集板的 AI 通道#0	5-pin DIN to 4×RCA
5	柔性尺模块： 应变计端口	功率放大器： S1 & S2 端口	柔性尺偏转角测量	模拟电缆： 6-pin mini DIN to 6-pin mini DIN

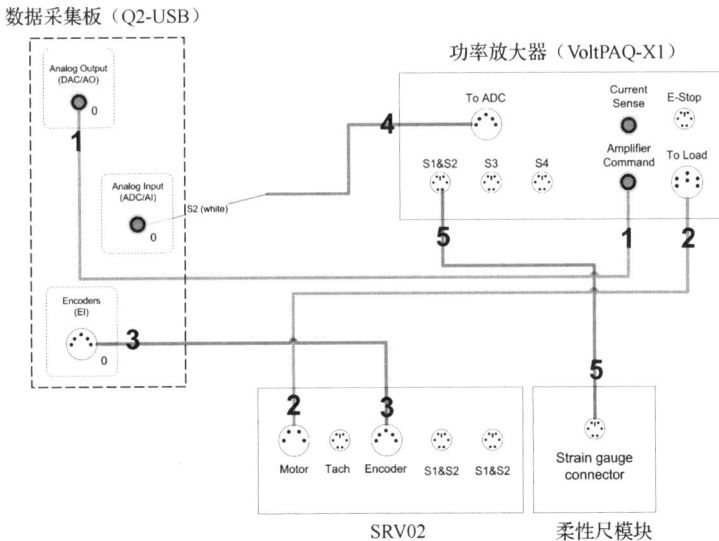

图 5.3　旋转柔性尺控制系统的硬件接线图

3. 系统校准

柔性尺模块在出厂前已经过校准，用户拿到后一般不需再校准。如果需要重新校准，可以按照以下步骤进行：

（1）参照图 5.3，连接应变计测量信号。将柔性尺模块放置在校准台上，柔性尺的末端放置在校准梳的中间槽内，如图 5.4 所示。

（2）运用 QUARC 软件或电压表测量应变计电压，如果测量值不为 0 V，调整偏移量校准电位计，使其为 0 V。

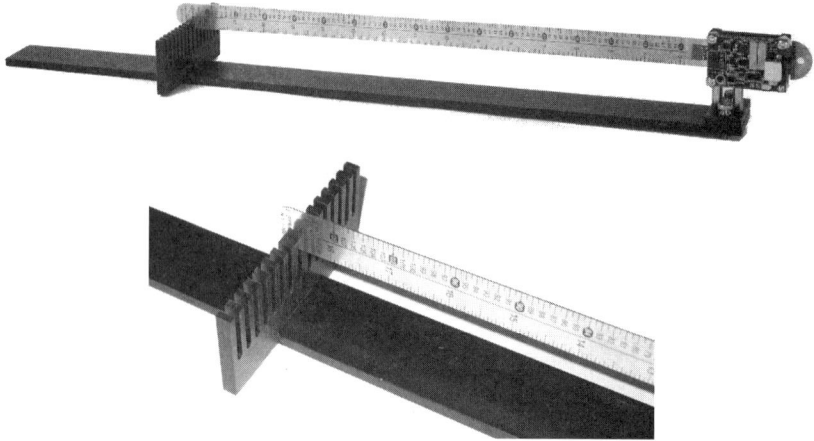

图 5.4　柔性尺模块校准图

（3）柔性尺末端每移动 1 英寸，应变计输出应该变化 1 V。校准梳每个槽对应的末端位移为 1/4 英寸。如图 5.5 所示，将柔性尺末端逆时针移动 4 个槽，此时应变计测量值应为 1 V。如果不是，微调增益校准电位计，使其为 1 V。

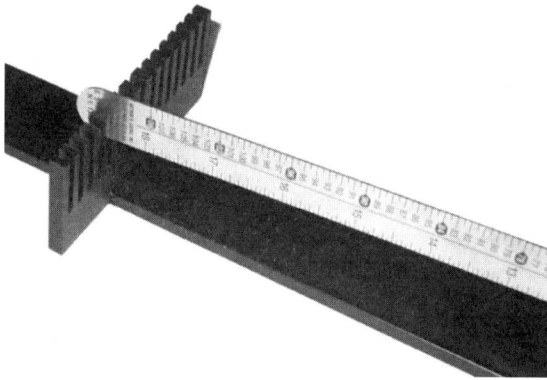

图 5.5　柔性尺末端放置在逆时针方向 1 英寸处

（4）再将柔性尺末端顺时针移动 8 个槽（即距离中间位置 4 个槽），确认测量值为-1 V。

（5）重新返回零位（即中间位置），并再次确认测量值为 0 V。如果不是，再次调整偏移量校准电位计，使测量值为 0 V。

5.2　系统分析与建模

5.2.1　系统的数学建模

旋转柔性尺角度标识如图 5.6 所示。柔性尺模块的底座安装在 SRV02 系统的负载齿轮上，当负载轴逆时针旋转时，负载轴角 θ 增大。当控制电压为正时，伺服单元与柔性尺模块逆时针旋转。

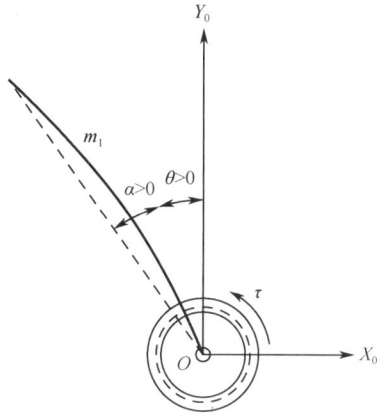

图 5.6　旋转柔性尺角度标识

柔性尺总长度为 L_1，质量为 m_1，绕其质量中心的转动惯量为 J_1，这些参数的值见表 5.2。柔性尺的偏转角用 α 表示，逆时针偏转时 α 值增大。

旋转柔性尺的等效模型如图 5.7 所示。输入量为直流电机的控制电压 V_m，该控制电压在负载齿轮端产生转矩 τ，带动柔性尺底座旋转。伺服机构的黏性摩擦系数用 B_{eq} 表示，所产生的摩擦力用以克服施加在负载齿轮上的转矩。作用在柔性尺上的摩擦力的黏性摩擦系数用 B_1 表示。柔性尺在建模时可看作刚度为 K_s 的线性弹簧。

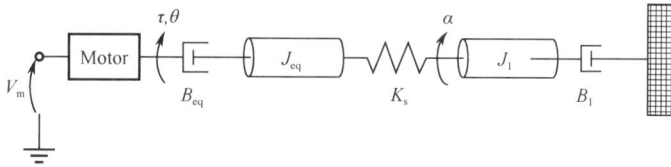

图 5.7　旋转柔性尺等效模型

1. 建立运动方程

欧拉-拉格朗日法常用于建立多自由度振动系统的运动方程，本节将采用该方法建立旋转柔性尺系统的运动方程，具体来讲，就是建立伺服单元和柔性尺模块相对于电机控制电压的运动方程。

定义系统的拉格朗日函数为

$$L = T - V \tag{5.1}$$

式中，T 是系统总动能，V 是系统总势能。因此，拉格朗日函数是系统的动能和势能之差。

欧拉-拉格朗日方程描述如下

$$\frac{\partial^2 L}{\partial t \partial \dot{q}_i} - \frac{\partial L}{\partial q_i} = Q_i \tag{5.2}$$

式中，变量 q_i 为广义坐标。对于本系统，设

$$\boldsymbol{q}(t) = [\theta(t) \quad \alpha(t)]^{\mathrm{T}}$$

则对应的速度向量为

$$\dot{\boldsymbol{q}}(t) = \left[\frac{\partial \theta(t)}{\partial t} \quad \frac{\partial \alpha(t)}{\partial t}\right]^{\mathrm{T}} \tag{5.3}$$

为表述方便，后面将 $\theta(t)$、$\alpha(t)$ 中的 t 略去。

根据定义的广义坐标，旋转柔性尺系统的欧拉-拉格朗日方程可写成

$$\frac{\partial^2 L}{\partial t \partial \dot{\theta}} - \frac{\partial L}{\partial \theta} = Q_1 \tag{5.4}$$

$$\frac{\partial^2 L}{\partial t \partial \dot{\alpha}} - \frac{\partial L}{\partial \alpha} = Q_2 \tag{5.5}$$

广义力 Q_i 用来描述作用于系统的与广义坐标 q_i 对应的非保守力。因此，作用于旋转臂的广义力

$$Q_1 = \tau - B_{eq}\dot{\theta} \tag{5.6}$$

作用于柔性尺的广义力

$$Q_2 = -B_l\dot{\alpha} \tag{5.7}$$

作用于旋转臂底部（即负载齿轮上）的转矩由直流电机产生，表达式为（参考式（3.14））

$$\tau = \frac{\eta_g K_g \eta_m k_t (V_m - K_g k_m \dot{\theta})}{R_m} \tag{5.8}$$

式（5.8）中相关参数参见 SRV02 旋转伺服基本单元的主要技术参数。

欧拉-拉格朗日方程是建立系统运动方程的系统性方法，一旦获得动能和势能，拉格朗日函数就可得到，之后通过计算各个变量的导数就可获得运动方程。

2. 动能和势能

物体直线运动的动能为

$$T = \frac{1}{2}mv^2 \tag{5.9}$$

式中，m 为物体的质量，v 为线速度。

物体的转动动能为

$$T = \frac{1}{2}J\omega^2 \tag{5.10}$$

式中，J 为物体的转动惯量，ω 为角速度。

势能有不同形式，机械系统中最常见的是重力势能和弹性势能。物体的相对重力势能为

$$V_g = mg\Delta h \tag{5.11}$$

式中，Δh 为物体的相对高度（距参考点）。物体的弹性势能，即存储在弹簧中的能量为

$$V_e = \frac{1}{2}K\Delta x^2 \tag{5.12}$$

式中，K 为弹簧的刚度，Δx 为线性或角度位置的变化。

3. 线性状态空间模型

状态空间模型的一般形式为

$$\dot{x} = Ax + Bu \tag{5.13}$$

$$y = Cx + Du \tag{5.14}$$

式中，x 为状态，u 为控制输入，A、B、C、D 为状态空间矩阵。对于旋转柔性尺系统，设状态向量为

$$x = [\theta \quad \alpha \quad \dot{\theta} \quad \dot{\alpha}]^T \tag{5.15}$$

因为系统中只测量负载轴角和柔性尺的偏转角，所以输出向量取为

$$y = [x_1 \quad x_2]^T \tag{5.16}$$

相应的输出方程中 C 和 D 阵分别为

$$C = \begin{bmatrix} 1 & 0 & 0 & 0 \\ 0 & 1 & 0 & 0 \end{bmatrix}$$

$$D = \begin{bmatrix} 0 \\ 0 \end{bmatrix}$$

负载轴转速和柔性尺偏转角速度可以在数字控制器中通过计算得到，例如采用微分+低通滤波器的结构。

4. 经典二阶系统的自由振荡

二阶系统自由振荡的运动方程为

$$J\ddot{x} + B\dot{x} + Kx = 0 \tag{5.17}$$

其振荡响应曲线如图 5.8 所示。

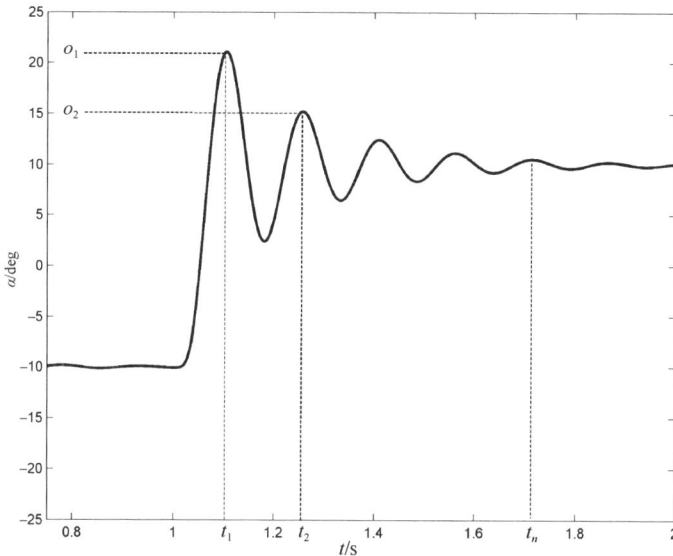

图 5.8　二阶系统自由振荡响应

假设初始条件 $x(0_-) = x_0$，$\dot{x}(0_-) = 0$，对式（5.17）求拉氏变换，得

$$X(s) = \frac{\dfrac{x_0}{J}}{s^2 + \dfrac{B}{J}s + \dfrac{K}{J}} \tag{5.18}$$

二阶系统传递函数的标准形式为

$$\frac{Y(s)}{R(s)} = \frac{\omega_n^2}{s^2 + 2\zeta\omega_n s + \omega_n^2} \tag{5.19}$$

式中，ζ 为阻尼比，ω_n 为自然振荡频率。对比式（5.18）与式（5.19），有

$$2\zeta\omega_n = \frac{B}{J} \tag{5.20}$$

$$\omega_n^2 = \frac{K}{J} \tag{5.21}$$

由式（5.20）、式（5.21），可得到系统的刚度、黏性阻尼与阻尼比、自然振荡频率的关系如下

$$K = J\omega_n^2 \tag{5.22}$$

$$B = 2\zeta\omega_n J \tag{5.23}$$

1）自然振荡频率的测量方法

系统响应的振荡周期，可通过式（5.24）得到。

$$T_{\text{osc}} = \frac{t_{n+1} - t_1}{n} \tag{5.24}$$

式中，t_{n+1}、t_1 分别为第 $n+1$ 和第 1 个波峰对应的时间，n 为考虑的振荡的次数。由式（5.24）可得阻尼振荡频率（rad/s）

$$\omega_d = \frac{2\pi}{T_{\text{osc}}} \tag{5.25}$$

则无阻尼振荡频率

$$\omega_n = \frac{\omega_d}{\sqrt{1 - \zeta^2}} \tag{5.26}$$

2）阻尼比的测量方法

二阶系统的阻尼比可以从它的响应得到。对于一个典型的二阶欠阻尼系统，衰减率定义为

$$\delta = \frac{1}{n}\ln\frac{O_1}{O_n} \tag{5.27}$$

式中，O_1、O_n 分别是振荡响应的第 1 个与第 n 个波峰的值。阻尼比定义为

$$\zeta = \frac{1}{\sqrt{1 + \dfrac{2\pi^2}{\delta}}} \tag{5.28}$$

5.2.2 实验准备

1．当柔性尺（即弹簧）的偏转角为 α 时，计算其弹性势能（使用图 5.7 中的参数）。

2．计算系统的总动能，包含旋转伺服单元（负载轴角 θ）和柔性尺模块（偏转角 α）（使用图 5.7 中的参数）。提示：总动能 $T = \frac{1}{2}J_{\text{eq}}\dot{\theta}^2 + \frac{1}{2}J_1(\dot{\theta} + \dot{\alpha})^2$。

3．计算系统的拉格朗日差值。

4．根据式（5.4）、式（5.6）写出第一个欧拉-拉格朗日方程。注意方程的输入为施加的扭矩 τ（而不是直流电机电压）。将方程写成 $J\ddot{x} + B\dot{x} + Kx = u$ 的形式。

5．根据式（5.5）、式（5.7）写出第二个欧拉-拉格朗日方程。

6．求系统的运动方程 $\ddot{\theta} = f_1(\theta, \dot{\theta}, \alpha, \dot{\alpha}, \tau)$ 和 $\ddot{\alpha} = f_2(\theta, \dot{\theta}, \alpha, \dot{\alpha}, \tau)$。假设作用于柔性尺上的黏性摩擦可以忽略不计，即 $B_1 = 0$。

7．根据式（5.15）定义的状态 $\boldsymbol{x}$，求线性状态空间矩阵 $\boldsymbol{A}$ 和 $\boldsymbol{B}$。

8．求图 5.8 所示响应曲线的自然振荡频率。第 1、第 5 个波峰对应的时间分别为 $t_1 = 1.12\,\text{s}$，和 $t_5 = 1.71\,\text{s}$。由于阻尼比很小，这里假设阻尼振荡频率和自然振荡频率是相等的。

5.2.3 实验练习

该实验包含两部分内容：

（1）通过测量柔性尺的自然振荡频率求其刚度；

（2）确定系统的状态空间模型，并根据实际测量结果对其进行验证。

5.2.3.1 刚度测量

在 5.2.1 节中，我们给出了二阶系统自由振荡的运动方程（式（5.17）），该方程同样可以用来描述柔性尺在初始扰动作用下的衰减振荡过程。

测量柔性尺自然振荡频率的 Simulink 模型如图 5.9 所示。图中"HIL Initialize"模块包含了与旋转柔性尺中应变计交互的 QUARC 接口模块，模型的输出为柔性尺的偏转角。

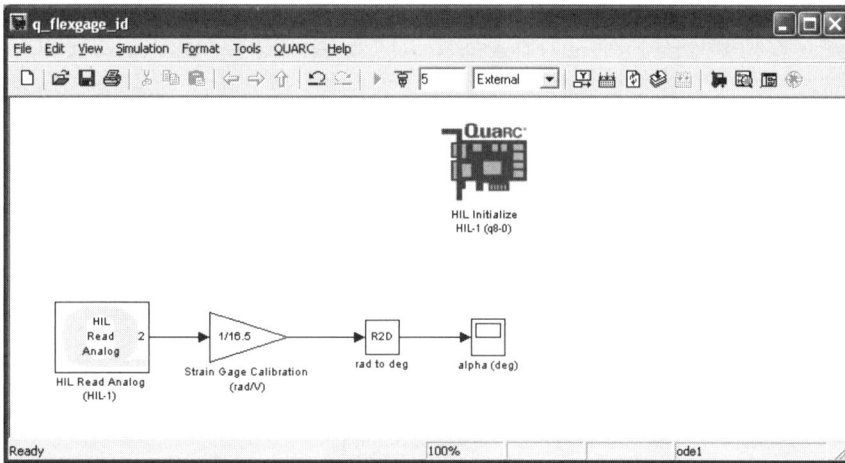

图 5.9　柔性尺自然振荡频率测量的 Simulink 模型

实验步骤：

（1）打开系统提供的 Simulink 模型"q_flexgage_id.mdl"，双击"HIL Initialize"模块，确认已配置为安装在系统中的 DAQ 设备。

（2）按住 SRV02 负载齿轮，编译、连接并运行 QUARC 控制器（控制器运行时间设置为 5 s），然后立即给柔性尺施加一个扰动。期间保持 SRV02 底部不动，直到控制器完成数据的采集。示波器的响应结果应该类似于图 5.10。

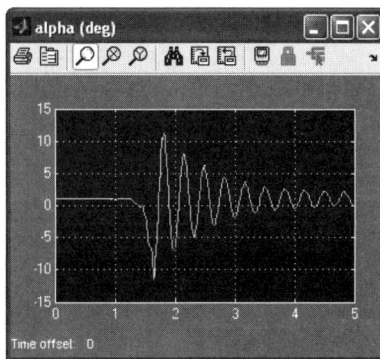

图 5.10　柔性尺偏转角自由振荡响应

（3）绘制柔性尺偏转角响应的 Matlab 曲线。

提示： 可以通过设置示波器模块，将测量数据保存到 Matlab 工作区的变量中。对于系统提供的 Simulink 模型，当控制器结束运行时，柔性尺的偏转角响应数据被保存到 Matlab 工作区的 date_alpha 变量中，其中，date_alpha (:,1)为时间向量，date_alpha (:,2)为柔性尺的偏转角向量。（有关数据保存及 Matlab 曲线绘制的方法，可以参考附录 A 中的 A.5 节）

（4）求柔性尺的自然振荡频率。由于阻尼比很小，可以认为阻尼振荡频率（测量所得）等于自然振荡频率（参见 5.2.2 节实验准备中的第 8 题）。

（5）计算柔性尺的刚度 K_s。

提示： 在求柔性尺的转动惯量时，将其看作一个杆（杆的转动惯量 $J = ml^2/3$）。再根据式（5.22）计算柔性尺的刚度。

5.2.3.2 模型验证

旋转柔性尺模型验证的 Simulink 模型如图 5.11 所示。图中"SRV02 Flexible Link"模块包含了与旋转柔性尺中直流电机和传感器交互的 QUARC 接口模块，"State-Space"模块包含了旋转柔性尺的状态空间模型（状态空间矩阵 **A**、**B**、**C**、**D** 需提前载入 Matlab 工作区）。对实际系统及其模型同时施加阶跃或脉冲输入，测量它们的负载轴角和柔性尺偏转角。

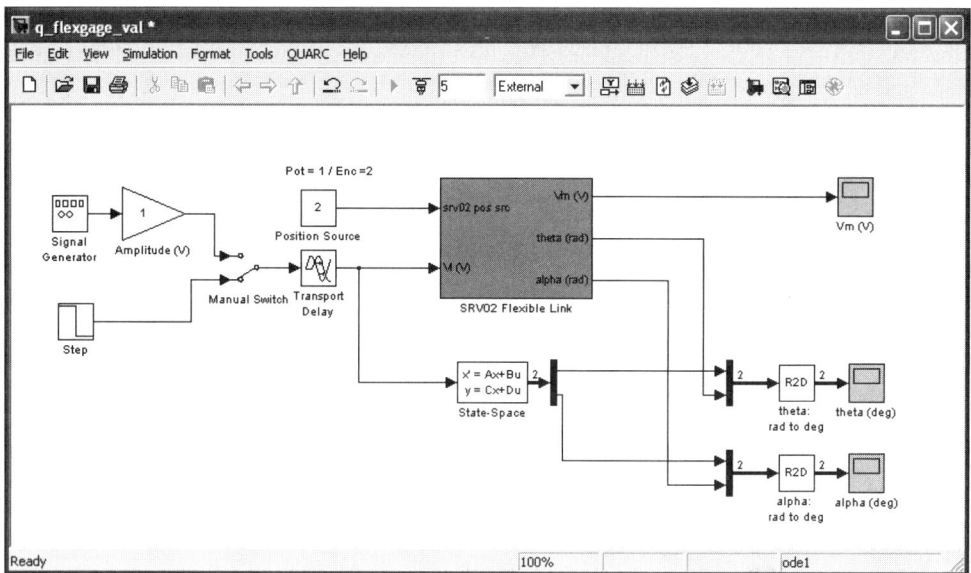

图 5.11　旋转柔性尺模型验证的 Simulink 模型

实验步骤：

（1）打开系统提供的 Simulink 模型"q_flexgage_val.mdl"，双击"SRV02 Flexible Link"子系统中的"HIL Initialize"模块，确认已配置为安装在系统中的 DAQ 设备。

（2）打开脚本文件"setup_flexgage.m"，配置模型参数，进行脚本设置，然后运行该脚本文件。

脚本设置内容如下：

● EXT_GEAR_CONFIG 设置为'HIGH'。

● LOAD_TYPE 设置为'NONE'。

- 根据 SRV02 的配置设置参数 ENCODER_TYPE，TACH_OPTION，K_CABLE，AMP_TYPE 和 VMAX_DAC，实验中将使用。
- CONTROL_TYPE 设置为 'MANUAL'。

（3）当出现系统提示时，输入 5.2.3.1 节实验得到的刚度。此刚度将保存在 Matlab 的变量 Ks 中。

（4）根据输入的刚度，Matlab 提示产生如下控制增益（此增益是 K_s 为 1 时产生的）：

```
K =
    1.0000   -8.7209    0.6264   -0.3958
```

这意味着脚本文件运行正确。

（5）打开脚本文件"FLEXGAGE_ABCD_eqns_student.m"，状态空间矩阵的初始值如下：

```
A = [0    0    1    0;
     0    0    0    1;
     0   500   -5   0;
     0  -750    5   0];
B = [0    0   500   -500];
C = zeros(2,4);
D = zeros(2,1);
```

（6）输入 5.2.2 节第 7 题得到的状态空间矩阵 *A*、*B* 及 5.2.1 节设定的 *C* 和 *D*。在 Matlab 中，刚度和柔性尺的转动惯量分别定义为 Ks 和 Jl，SRV02 的转动惯量和黏性摩擦系数分别用 Jeq 和 Beq 表示（SRV02 无负载时，$J_{eq} = 2.08 \times 10^{-3}$ kg·m^2，$B_{eq} = 0.004$ N·m/(rad/s)）。

（7）运行脚本文件 FLEXGAGE_ABCD_eqns_student.m，将状态空间矩阵载入 Matlab 工作区。写出 Matlab 提示符下显示的数值矩阵。

（8）上述状态空间模型的输入量是作用于负载齿轮（或柔性尺枢轴）上的转矩，但是我们并不直接控制转矩，控制的是电机电压，因此在脚本文件 setup_flexgage.m 的系统模型部分，已根据式（5.8）给出的电压-转矩关系，将执行机构的动力学方程添加到了状态空间矩阵中，具体代码如下：

```
Ao = A;
Bo = B;
B = eta_g*Kg*eta_m*kt/Rm*Bo;
A(3,3) = Ao(3,3) - Bo(3)*eta_g*Kg^2*eta_m*kt*km/Rm;
A(4,3) = Ao(4,3) - Bo(4)*eta_g*Kg^2*eta_m*kt*km/Rm;
```

（9）再次运行脚本文件 setup_flexgage.m，得到电机电压-柔性尺偏转角的过程模型。

（10）将"Manual Switch"开关打到下方，输入阶跃信号。检查系统周围是否有障碍物。

（11）编译、连接并运行 QUARC 控制器，示波器的响应结果应该类似于图 5.12。在图 5.12（a）中，曲线①为仿真系统的负载轴角位置响应，曲线②为实际系统的负载轴角位置响应。在图 5.12（b）中，曲线①为仿真系统的柔性尺偏转角响应，曲线②为实际系统的柔性尺偏转角响应。

（12）如果仿真系统与实际系统的响应相符，则进行下一个步骤。如果不相符，则可能模型有问题，可以从以下几个方面进行排查：
- 状态空间模型是否正确输入到脚本文件中；

- 刚度 K_s 是否正确，检查计算过程或重新测试；
- 检查 5.2.2 节中的模型推导过程，是否在求解运动方程时出了错。

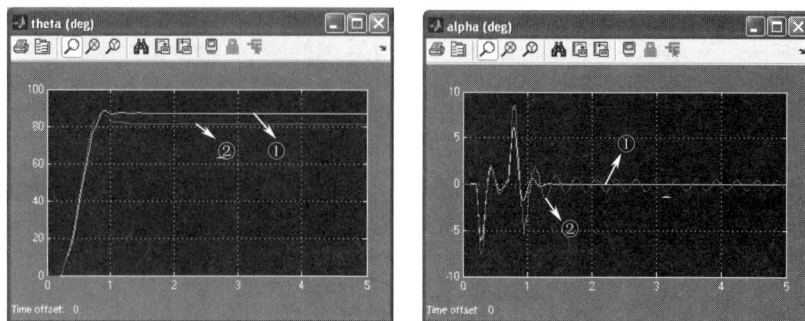

（a）负载轴角位置响应　　　　　　　　（b）柔性尺偏转角响应

图 5.12　旋转柔性尺模型验证结果

（13）绘制负载轴角位置与柔性尺偏转角响应的 Matlab 曲线。

（14）检查建立的模型是否能够很好地描述实际系统？我们希望得到系统的准确模型，但这是不可能的，上述实验只是检测你的模型与实际系统的相似程度。如图 5.12 所示，仿真响应并不能很好地拟合实际系统响应。

（15）说明所建模型不能准确反映实际系统的原因（至少一个）。

（16）在 Matlab 中，使用加载的状态空间矩阵 A 求解系统的开环极点（5.3.3 节实验准备中的问题需要用到这一结果）。

5.2.4　建模实验结果

旋转柔性尺建模结果总结见表 5.4。

表 5.4　旋转柔性尺建模结果总结

参　　数	符　　号	数　　值	单　　位
刚度测量			
自然振荡频率	ω_n		
刚度	K_s		
模型验证			
状态空间矩阵	A		
	B		
	C		
	D		
开环极点	OL		

5.3　控制系统设计

5.3.1　系统设计指标

对于旋转柔性尺，当负载轴跟踪 $\pm30°$ 角的方波时，要求控制系统满足以下时域性能指标：

负载轴角调节时间：$t_s \leqslant 0.5s$ ；

负载轴角超调量： $\mathrm{PO} \leqslant 7.5\%$ ；

柔性尺最大偏转角： $|\alpha| \leqslant 10°$ ；

最大控制电压： $|V_m| \leqslant 10\,\mathrm{V}$ 。

5.3.2 系统分析与设计

在 5.2 节中,我们得到了旋转柔性尺系统的线性状态空间模型,这里我们将简单介绍 LQR 状态反馈控制的一些基本知识，包括系统的稳定性、可控性概念，以及位置伺服状态反馈控制结构和线性二次型调节算法。

1. 稳定性分析

系统的稳定性由它的极点决定：

● 稳定系统的极点全部位于左半平面。

● 不稳定的系统至少有一个极点在右半平面，或虚轴上的重极点数大于 1。

● 临界稳定系统有一个极点在虚轴上，其他极点都位于左半平面。

极点是系统特征方程的根。对于状态空间模型，系统的特征方程可以描述为

$$\det(s\boldsymbol{I} - \boldsymbol{A}) = 0 \tag{5.29}$$

式中，$\det()$ 是行列式函数，s 为拉普拉斯算子，$\boldsymbol{I}$ 为单位矩阵，所以极点就是状态空间矩阵 $\boldsymbol{A}$ 的特征值。

2. 可控性分析

对于状态空间模型，如果存在控制输入 $\boldsymbol{u}$ ，能使系统状态在一定时间内由任意的初态转移至任意的终态，则系统是可控的，否则是不可控的。

秩检验 对于定常的线性系统，如果可控性矩阵

$$\boldsymbol{T} = [\boldsymbol{B} \quad \boldsymbol{AB} \quad \boldsymbol{A}^2\boldsymbol{B} \quad \cdots \quad \boldsymbol{A}^n\boldsymbol{B}] \tag{5.30}$$

的秩等于系统的维数（满秩），即

$$\mathrm{rank}(\boldsymbol{T}) = n \tag{5.31}$$

则系统是可控的。

3. 状态反馈控制

旋转柔性尺状态反馈控制方框图如图 5.13 所示，该控制系统的目标是，使负载轴角稳定在设定的位置 θ_d ，同时尽量减小柔性尺的偏转角。

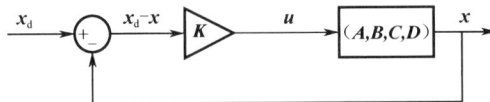

图 5.13 旋转柔性尺状态反馈控制方框图

图中，参考信号为 $\boldsymbol{x}_d = [\theta_d \quad 0 \quad 0 \quad 0]$ ，控制律为 $\boldsymbol{u} = \boldsymbol{K}(\boldsymbol{x}_d - \boldsymbol{x})$ 。如果 $\boldsymbol{x}_d = [0 \quad 0 \quad 0 \quad 0]$ ，则 $\boldsymbol{u} = -\boldsymbol{Kx}$ ，这是本实验将采用的控制算法。

4. 线性二次型调节器（LQR）

如果系统 $(\boldsymbol{A}, \boldsymbol{B})$ 是可控的，那么可以采用线性二次型最优控制方法求反馈控制增益 $\boldsymbol{K}$ ，

对于由式（5.13）描述的旋转柔性尺系统，可以得到使式（5.31）所示代价函数

$$J = \int_0^\infty x(t)^\mathsf{T} \boldsymbol{Q} x(t) + u(t)^\mathsf{T} \boldsymbol{R} u(t) \mathrm{d}t \tag{5.32}$$

最小的控制输入 $\boldsymbol{u}$ ，式中，$\boldsymbol{Q}$ 、$\boldsymbol{R}$ 分别为代价函数对于状态量与控制量的加权矩阵。加权矩阵体现了各个变量在代价函数中的重要程度，因而影响闭环控制系统的性能。

由于控制律 $\boldsymbol{u} = -\boldsymbol{K}\boldsymbol{x}$ ，则式（5.13）状态空间方程可写为

$$\dot{x} = Ax + B(-Kx)$$
$$= (A - BK)x$$

5.3.3　实验准备

1．基于 5.2.3 节模型验证实验步骤（16）得到的系统开环极点，判断系统是稳定、临界稳定、还是不稳定的？根据你的经验，你判定的系统的稳定性是否与实际系统相符？

2．运用 LQR 方法设计控制器是一个重复的过程。在软件中，必须不断调整 $\boldsymbol{Q}$、$\boldsymbol{R}$ 矩阵，使用 lqr 函数得到控制增益 $\boldsymbol{K}$ ，然后通过系统仿真或者实际系统控制，观察是否得到了期望的响应结果。改变 $\boldsymbol{Q}$、$\boldsymbol{R}$ 对闭环系统的响应影响不明显，但可以通过改变 $\boldsymbol{Q}$ 和 $\boldsymbol{R}$ 中的元素来观察其对系统响应的影响。可以设

$$\boldsymbol{Q} = \begin{bmatrix} q_1 & 0 & 0 & 0 \\ 0 & q_2 & 0 & 0 \\ 0 & 0 & q_3 & 0 \\ 0 & 0 & 0 & q_4 \end{bmatrix} \tag{5.33}$$

这样我们只需改变 $\boldsymbol{Q}$ 的对角元素。由于我们处理的是一个单输入系统，因此 $\boldsymbol{R}$ 是一个标量。将定义的 $\boldsymbol{Q}$ 和 $\boldsymbol{R}$ 代入式（5.32），写出代价函数 J 的表达式。

3．对于反馈控制器 $\boldsymbol{u} = -\boldsymbol{K}\boldsymbol{x}$ ，可以通过 LQR 方法得到使代价函数 J 最小的控制增益 $\boldsymbol{K}$ 。状态加权矩阵 $\boldsymbol{Q}$ 决定了控制量 $\boldsymbol{u}$ 如何实现代价函数 J 的最小化（$\boldsymbol{Q}$ 对控制增益 $\boldsymbol{K}$ 的影响）。根据代价函数 J 的表达式，说明增大对角线元素 q_i 对控制增益 $\boldsymbol{K} = [k_1 \quad k_2 \quad k_3 \quad k_4]$ 的影响。

4．解释 $\boldsymbol{R}$ 的增大对控制增益 $\boldsymbol{K}$ 的影响。

5.3.4　实验练习

首先利用 LQR 方法得到控制增益 $\boldsymbol{K}$ ，将其应用于控制系统的仿真。当仿真结果满足性能指标要求时，再在 Quanser 旋转柔性尺系统上进行控制实验。

5.3.4.1　LQR 状态反馈控制仿真

旋转柔性尺负载轴角位置控制仿真的 Simulink 模型如图 5.14 所示。图中"Smooth Signal Generator"模块产生一个频率为 0.33 Hz、幅值为 1 的方波信号，该信号经"Rate Limiter"模块平滑处理后，再通过"Amplitude（deg）"模块放大得到负载轴角位置输入信号。"LQR Control"模块中的控制增益从 Matlab 工作区读取，同样，"State-Space"模块也从 Matlab 工作区读取加载的 $\boldsymbol{A}$、$\boldsymbol{B}$、$\boldsymbol{C}$、$\boldsymbol{D}$ 状态空间矩阵。

实验步骤：

（1）打开系统提供的 Simulink 仿真模型"s_flexgage.mdl"，将"Manual Switch"开关打到上方，采用全状态反馈控制方式。

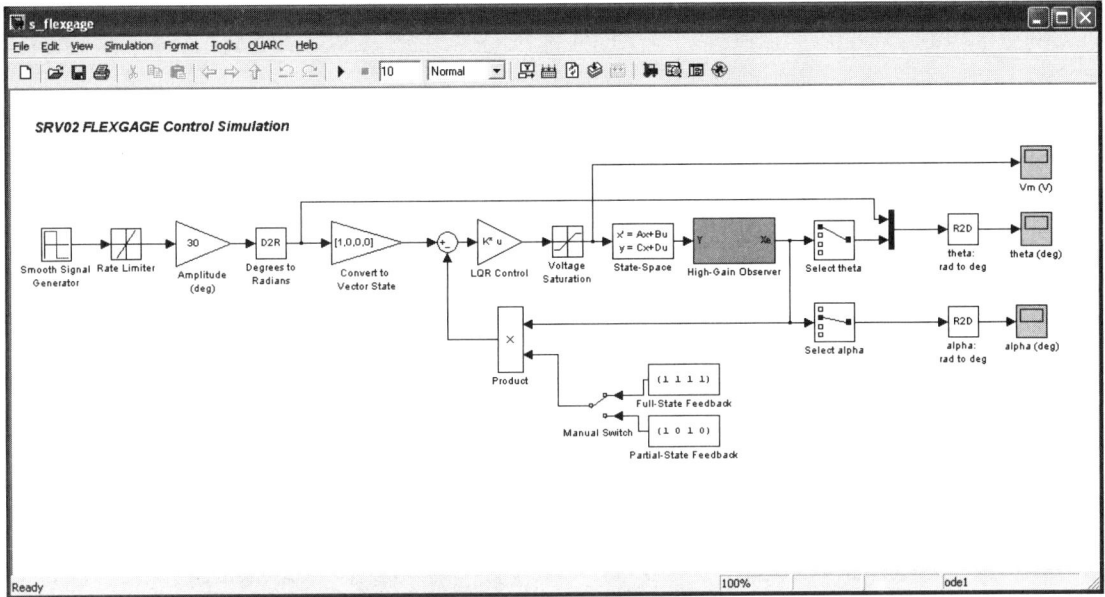

图 5.14 旋转柔性尺负载轴角位置控制仿真的 Simulink 模型

（2）运行脚本文件"FLEXGAGE_ABCD_eqns_student.m"，加载系统模型。**注意：** 脚本中的模型应该是模型验证实验后得到的旋转柔性尺的模型。

（3）打开脚本文件"setup_flexgage.m"，移到 LQR Control 部分，可以看到如下内容：

```
%% LQR Control
if strcmp ( CONTROL_TYPE , 'MANUAL' )
    % Set Q and R matrices to get desired response.
    Q = diag([1 1 1 1]);
    R = 1;
     [K,S,E] = lqr(A,B,Q,R);
```

即将 Q、R 设置为初始默认值：

$$Q = \begin{bmatrix} 1 & 0 & 0 & 0 \\ 0 & 1 & 0 & 0 \\ 0 & 0 & 1 & 0 \\ 0 & 0 & 0 & 1 \end{bmatrix}, \quad R = 1$$

（4）运行"setup_flexgage.m"文件，当出现系统提示时，输入 5.2.3.1 节得到的刚度，进而得到控制增益 K。

（5）编译、连接并运行 QUARC 控制器，得到如图 5.15 所示的仿真响应曲线（默认参数下的响应曲线不理想）。

（6）若 $Q = \mathrm{diag}([q_1 \quad q_2 \quad q_3 \quad q_4])$，依次改变 q_i 的值（按照相同的幅值调整），观察其对控制增益和闭环响应的影响。整个测试过程中保持 $R = 1$。对实验结果进行总结。

■**注意：** 在 5.3.3 节的第 3 题中，Q 的变化对控制增益 K 的影响是通过对代价函数表达式的分析得到的，你可能会注意到，仿真实验结果与实验准备中的分析结果存在一定出入。

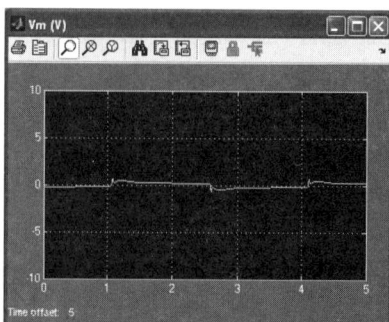

（a）电机控制电压

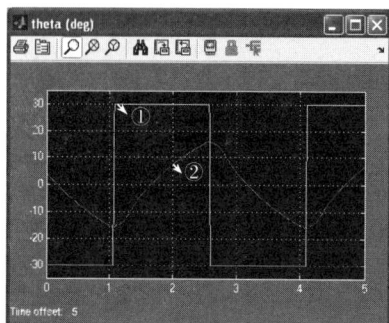

（b）负载轴角位置响应（①-设定值，②-响应）

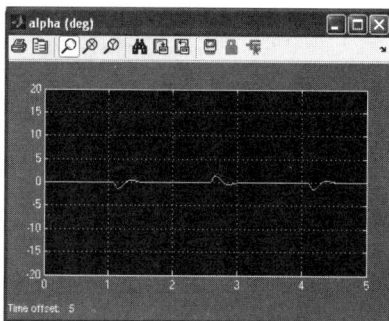

（c）柔性尺偏转角响应

图 5.15 默认参数下的仿真响应曲线

（7）寻找满足 5.3.1 节性能指标要求的 Q 和 R。仿真过程中，需保持直流电机的控制电压在±10 V 范围内。因为同样的控制实验稍后会在实际系统上进行，要确保执行机构不进入饱和区。将所使用的加权矩阵 Q 和 R，以及由此产生的控制增益 K 填入 5.3.5 节的表 5.5 中。

（8）绘制该仿真系统电机电压、负载轴角位置与柔性尺偏转角响应的 Matlab 曲线。

（9）测量负载轴角位置响应的调节时间、超调量，以及柔性尺的最大偏转角，并将结果填入 5.3.5 节的表 5.5 中。判断是否满足 5.3.1 节提出的性能指标要求。

（10）简单说明 Q、R 的调整过程。

5.3.4.2 LQR 状态反馈控制实验

本实验将采用上述系统仿真实验得到的 LQR 控制参数进行实际系统的位置控制。要求控制系统满足 5.3.1 节提出的性能指标要求。

旋转柔性尺负载轴角位置控制的 Simulink 模型如图 5.16 所示。图中"SRV02 Flexible Link"模块包含了与旋转柔性尺系统中直流电机和传感器交互的 QUARC 接口模块。负载轴角位置输入信号为±30°的方波信号（与仿真实验类同）。

实验步骤：

（1）打开系统提供的 Simulink 模型 "q_flexgage.mdl"，双击"SRV02 Flexible Link"模块中的"HIL Initialize"模块，确认已配置为安装在系统中的 DAQ 设备。将"Manual Switch"开关打到上方，采用全状态反馈控制方式。

（2）打开脚本文件 "setup_flexgage.m"，配置模型参数，进行脚本的设置（参见模型验证实验的步骤（2））。然后运行该脚本文件。

（3）加载上述系统仿真实验得到的控制增益 K。

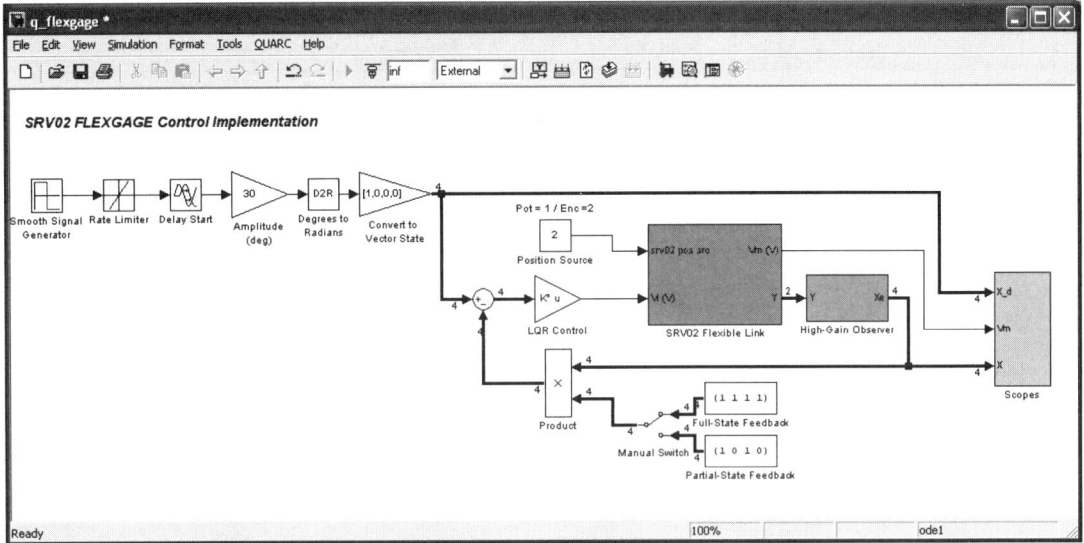

图 5.16 旋转柔性尺负载轴角位置控制的 Simulink 模型

（4）编译、连接、运行 QUARC 控制器。

（5）一旦获得合适的系统响应，结束 QUARC 控制器的运行。

（6）绘制系统电机电压、负载轴角位置与柔性尺偏转角响应的 Matlab 曲线。

（7）测量负载轴角位置响应的调节时间、超调量，以及柔性尺的最大偏转角。判断是否满足 5.3.1 节提出的性能指标要求。

（8）如果满足设定的性能指标，则可以进行下一个实验。如果不满足，就需要适当地调整控制器。根据仿真实验中分析得到的调节思路，调整当前的 **Q**、**R** 矩阵，直到满足要求。将最终使用的加权矩阵 **Q** 和 **R**，以及由此产生的控制增益 **K** 填入 5.3.5 节的表 5.5 中。

（9）绘制参数优化后的系统电机电压、负载轴角位置与柔性尺偏转角响应的 Matlab 曲线。

（10）测量负载轴角位置响应的调节时间、超调量，以及柔性尺的最大偏转角，并将结果填入 5.3.5 节的表 5.5 中。判断是否满足 5.3.1 节提出的性能指标要求。

（11）介绍控制器的调整过程。

5.3.4.3 LQR 部分状态反馈控制实验

旋转柔性尺部分状态反馈控制实验的 Simulink 模型设置与 LQR 状态反馈控制实验类同。

实验步骤：

步骤（1）～（6）可参考 LQR 状态反馈控制实验，不同之处为在步骤（1）中，将"Manual Switch"开关打到下方，采用部分状态反馈控制方式；在步骤（3）中，加载 LQR 状态反馈控制实验最终采用的控制增益 **K**。

（7）观察部分状态反馈响应和全状态反馈响应之间的差异。通过查看"q_flexgage.mdl" Simulink 模型，说明为什么部分状态反馈控制会有步骤（6）得到的响应结果。

5.3.5 实验结果

旋转柔性尺负载轴角位置控制结果总结见表 5.5。

表 5.5　旋转柔性尺负载轴角位置控制结果总结

项　目	参　数	符　号	数　值	单　位
全状态反馈控制仿真	LQR 加权矩阵	$\boldsymbol{Q}$		
		$\boldsymbol{R}$		
	LQR 控制增益	$\boldsymbol{K}$		
	调节时间	t_s		s
	超调量	PO		%
	最大偏转角	$|\alpha|_{max}$		deg
全状态反馈控制实验	LQR 加权矩阵	$\boldsymbol{Q}$		
		$\boldsymbol{R}$		
	LQR 控制增益	$\boldsymbol{K}$		
	调节时间	t_s		s
	超调量	PO		%
	最大偏转角	$|\alpha|_{max}$		deg

第6章 旋转柔性关节

6.1 系统介绍

6.1.1 系统结构

Quanser 旋转柔性关节（见图6.1）由柔性关节模块和SRV02旋转伺服基本单元组成，柔性关节模块由SRV02旋转伺服基本单元中的直流电机进行驱动。柔性关节模块顶部装有一个刚性连杆，内部装有一个1024线光电编码器，编码器与电机的轴心对齐，用于测量柔性关节的偏转角（即连杆偏转角）。刚性连杆的一端安装在编码器的轴上，由两根固定在主体框架上的伸缩弹簧共同作用带动其转动，如此构成一个柔性关节。刚性连杆上有3个用于固定弹簧点的位置，不同位置具有不同的刚度。系统配有三种类型的弹簧，因此可以形成9种刚度的实验模型。连杆的长度也是可调的，因而转动惯量也是可变的。

图6.1 旋转柔性关节

该旋转柔性关节与大齿轮机器人关节的控制问题类似。基于该旋转柔性关节，不仅可以进行机器人、航天器中柔性关节的建模问题研究，还可以进行系统的振动分析和共振研究。

旋转柔性关节基本组件见表6.1，图6.2标注了对应的各个组件。

表6.1 旋转柔性关节基本组件

序　　号	组件名称	序　　号	组件名称
1	柔性关节基座	7	弹簧
2	指旋螺钉	8	可调负载臂
3	柔性关节臂（主臂）	9	编码器信号端口
4	编码器	10	柔性关节枢轴
5	弹簧基座固定点	11	可调负载臂的固定点
6	弹簧主臂固定点	12	SRV02旋转伺服基本单元

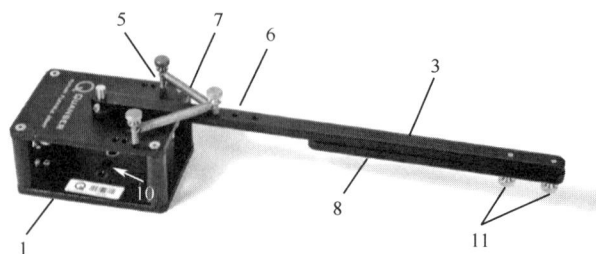

（a）柔性关节模块俯视图

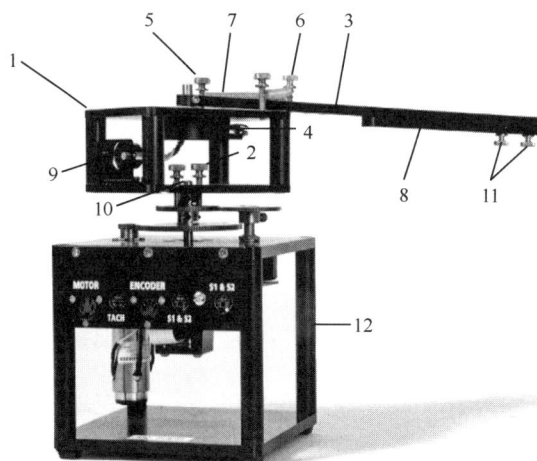

（b）柔性关节模块后视图（安装在SRV02上）

图 6.2　旋转柔性关节组件标注图

6.1.2　主要部件及技术参数

　　柔性关节模块使用一款 US Digital Optical Kit 光学编码器测量连杆的转角，该编码器具有正交模式下每转 4096 个脉冲的精度（每转 1024 线）。柔性关节模块中编码器与 5-pin DIN 连接器的连线方式和 SRV02 旋转伺服基本单元中的编码器一样。

　　■注意：确保使用标准 5-pin DIN 电缆将编码器输出的数字信号直接连接到数据采集设备。不要将编码器信号连接到功率放大器。

　　柔性关节模块的技术参数如表 6.2 所示，其中部分参数在系统数学建模时将会用到。

　　图 6.3 是柔性关节模块示意图，该模块具有多种配置可调的设计特点。模块主臂上有 3 个弹簧固定位置（1、2、3），基座本体上也有 3 个弹簧固定位置（A、B、C），通过调整上述位置可以改变弹簧所施加的力。系统配备了三种不同刚度的弹簧（见表 6.2），负载臂附着在主臂上且固定点可调，使得模块的整个臂长可调。弹簧固定位置可变、臂长可调，以及不同刚度的弹簧形成了多种配置的系统模型。

表 6.2　柔性关节模块技术参数

模　　　块	符　　　号	参　　　数	值
		基座尺寸	10×8×5 cm
		基座质量	0.3 kg

模　　块	符　　号	参　　数	值
主臂与负载臂	L_1	主臂长度	29.8 cm
	L_2	可调负载臂长度	15.6 cm
	m_1	主臂质量	0.064 kg
	m_2	可调负载臂质量	0.03 kg
枢轴至可调负载臂中心的距离	d_{12}	负载臂固定点1、2	21.5 cm
	d_{12}	负载臂固定点2、3	24.0 cm
	d_{12}	负载臂固定点3、4	26.5 cm
编码器与弹簧	K_{enc}	编码器分辨率	4096 P/r
	K_1	弹簧#1 刚度	187 N/m
	K_2	弹簧#2 刚度	313 N/m
	K_3	弹簧#3 刚度	565 N/m

6.1.3　系统装配与设备连接

■**注意**：硬件装配与连接须在断电情况下进行！

1.　硬件装配

旋转柔性关节系统的装配步骤如下（确保 SRV02 为高传动比配置）：

（1）将柔性关节模块放在 SRV02 旋转伺服基本单元上，基座底部中间的孔对准 SRV02 的负载轴。

（2）将指旋螺钉插入 72 齿的负载齿轮的螺孔并拧紧，固定柔性关节模块。

2.　弹簧安装

为了保持适当的系统动力学结构,弹簧及其固定点的位置应该是对称的。

（1）取两个弹簧（确保它们是同一对），将一个指旋螺钉同时插入两个弹簧的末端，并将指旋螺钉拧入主臂上相应的固定点中。

（2）将柔性关节臂转向自己，将靠近自己的弹簧的另一端用指旋螺钉固定在基座相应的固定点中。

（3）将柔性关节臂拉向另一侧（你能感受到弹簧的阻力），将另一侧弹簧固定在基座对应的固定点中。

3.　设备连接

本实验使用的硬件设备如下：

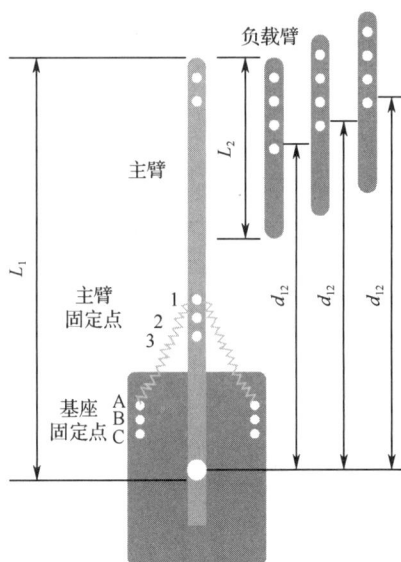

图 6.3　柔性关节模块示意图

功率放大器：VoltPAQ-X1，或类似产品。

数据采集板：Q2-USB、Q8-USB、QPID、QPIDe，或类似产品。

旋转伺服部件：SRV02-ET、SRV02-ETS，或类似产品。

柔性关节模块：ROTFLEX 模块。

■**注意：**当使用 VoltPAQ-X1 等型号的功率放大器时，为了保证电机安全，**确保将功率放大器的增益设置为 1！**

下面介绍 SRV02、柔性关节模块与数据采集板、功率放大器的典型连接方式。当采用 Q2-USB 型数据采集板、VoltPAQ-X1 型功率放大器时，旋转柔性关节控制系统的硬件接线方式如表 6.3，接线图如图 6.4 所示。数据采集板、功率放大器为其他型号时的连接方式可参考 3.1.3 节内容。

表 6.3 旋转柔性关节控制系统的硬件接线方式（采用 Q2-USB、VoltPAQ-X1）

线　　　号	起　始　端　口	终　止　端　口	信　号　说　明	电　缆　型　号
1	数据采集板： DAC #0	功率放大器： Amplifier Command 端口	将数据采集板 AO 0 端口输出的控制信号送到功率放大器	RCA 电缆： 2×RCA to 2×RCA
2	功率放大器： To Load 端口	SRV02： Motor 端口	将放大后的控制电压施加到 SRV02 直流电机的控制端	电机电缆： 6-pin DIN to 4-pin DIN
3	SRV02： Encoder 端口	数据采集板： Encoder Input #0	SRV02 负载轴角测量	编码器电缆： 5-pin stereo DIN to 5-pin stereo DIN
4	柔性关节： Encoder 端口	数据采集板： Encoder Input #1	柔性关节偏转角测量	编码器电缆： 5-pin stereo DIN to 5-pin stereo DIN

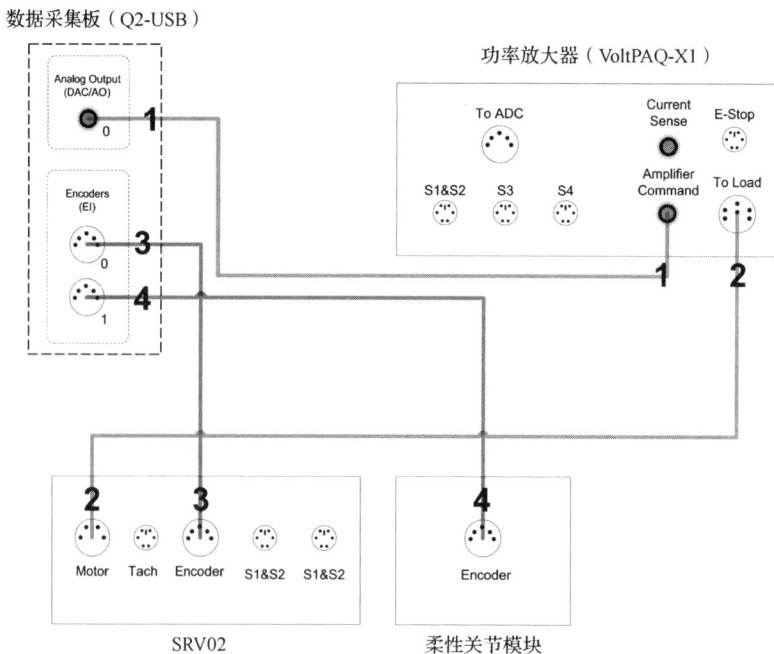

图 6.4 旋转柔性关节控制系统的硬件接线图

6.2 系统分析与建模

6.2.1 系统的数学建模

旋转柔性关节角度标识如图 6.5 所示。柔性关节模块的基座安装在 SRV02 系统的负载齿轮上,当负载轴逆时针旋转时,负载轴角 θ 增大。当控制电压为正时,伺服单元与柔性关节模块逆时针旋转。

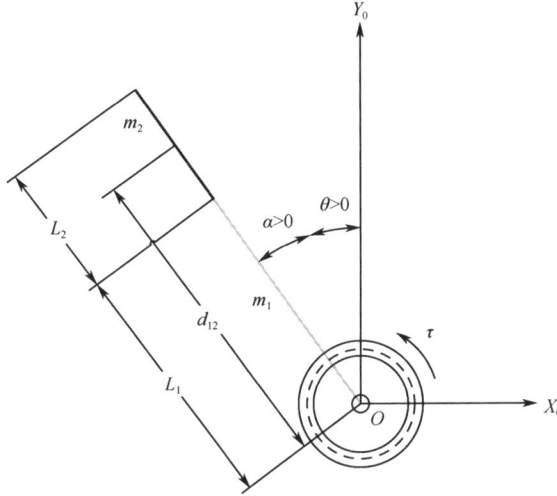

图 6.5 旋转柔性关节角度标识

柔性关节的连杆长度可以通过调节负载臂在主臂上的位置进行调整。主臂安装在枢轴上,主臂长度为 L_1,质量为 m_1。可调负载臂长度为 L_2,质量为 m_2。枢轴至负载臂中点的距离是可变的,用变量 d_{12} 表示。连杆的转动惯量为 J_1,该值取决于负载臂的安装位置。连杆的偏转角用 α 表示,逆时针旋转时 α 值增大。相关参数见表 6.2。

旋转柔性关节等效模型如图 6.6 所示。输入量为直流电机的控制电压 V_m,该控制电压在负载齿轮端产生转矩 τ,带动柔性关节模块基座旋转。伺服机构的黏性摩擦系数用 B_{eq} 表示,所产生的摩擦力用以克服施加在负载齿轮上的转矩。作用在连杆上的摩擦力的黏性摩擦系数用 B_1 表示。柔性关节在建模时可看作是刚度为 K_s 的线性弹簧。

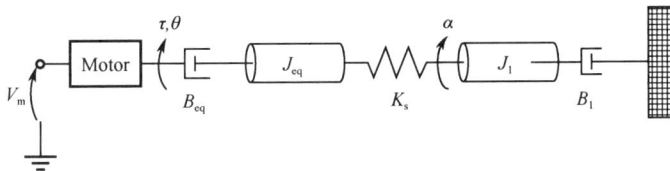

图 6.6 旋转柔性关节等效模型

对比图 6.6 与图 5.7 可以发现,旋转柔性关节与旋转柔性尺模型结构相同,因此可以参照 5.2.1 节介绍的有关旋转柔性尺的建模方法建立旋转柔性关节的数学模型,这里不再重复。

傅里叶分析方法是一种利用正弦波来研究信号和系统的方法。对于信号 $g(t)$,其傅里叶

变换 $G(\omega)$ 显示了 $g(t)$ 所包含的正弦信号的相对振幅和频率。

傅里叶变换包含的功率谱与信号的幅值有关。图 6.7 为复合正弦信号 $g(t) = 3\sin 2\pi t + 2\sin 4\pi t + 0.5\sin 10\pi t$ 的功率谱曲线。从图中可以看出，曲线的峰值正好出现在 3 个正弦波的频率处（1 Hz、2 Hz、5 Hz）。因此，功率谱还可以用来分析实际系统的谐振频率。

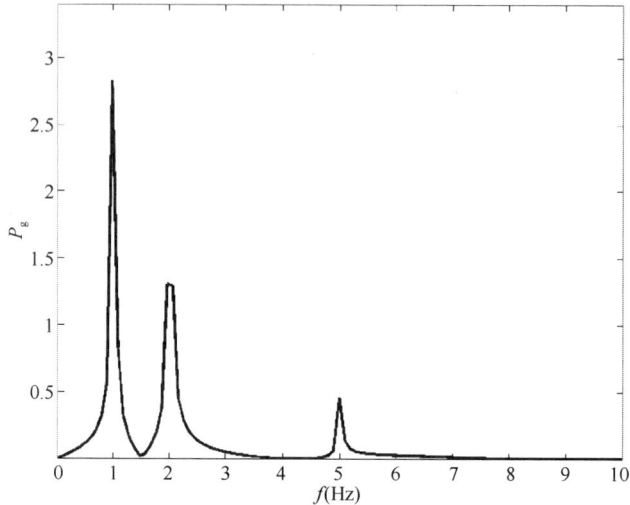

图 6.7　复合正弦信号的功率谱曲线

信号的功率为该信号的平方对于时间的累积平均。对于一个连续信号 $g(t)$，其功率定义为

$$P_g = \lim_{T \to \infty} \frac{1}{T} \int_{-T/2}^{T/2} |g(t)|^2 \, \mathrm{d}t \tag{6.1}$$

下面我们将针对傅里叶变换后的频域信号进行功率定义。首先考虑 $g(t)$ 的截断信号 $g_T(t)$ 为

$$g_T(t) = \begin{cases} g(t), & |t| \leqslant T \\ 0, & |t| > T \end{cases} \tag{6.2}$$

根据 Parseval 定理，该截断信号的能量为

$$E_{g_T} = \int_{-\infty}^{\infty} |g_T(t)|^2 \, \mathrm{d}t = \frac{1}{2\pi} \int_{-\infty}^{\infty} |G_T(\omega)|^2 \, \mathrm{d}\omega \tag{6.3}$$

该信号的功率可以表示为

$$P_g = \lim_{T \to \infty} \frac{E_{g_T}}{T} = \frac{1}{2\pi} \lim_{T \to \infty} \int_{-\infty}^{\infty} \frac{|G_T(\omega)|^2}{T} \, \mathrm{d}\omega \tag{6.4}$$

该信号的功率谱密度（PSD）函数为

$$S_g(\omega) = \lim_{T \to \infty} \frac{|G_T(\omega)|^2}{T} \tag{6.5}$$

根据 PSD 函数定义信号功率，并且只考虑正频率，可以得到信号的功率

$$P_g = \frac{1}{2\pi} \int_{-\infty}^{\infty} S_g(\omega) \mathrm{d}\omega = \frac{1}{\pi} \int_{0}^{\infty} S_g(\omega) \mathrm{d}\omega \tag{6.6}$$

如果对频率求积分，则式（6.6）改为

$$P_g = 2\int_0^\infty S_g(\omega)\mathrm{d}f \qquad (6.7)$$

实验中，信号采样和算法执行都是离散的，而快速傅里叶变换是离散傅里叶变换的快速算法，所以对信号 $g(t)$ 求快速傅里叶变换，则能得到 $G(\omega)$。Matlab 中求功率谱的代码如下：

```
y = fft(g);
Sg = |y|/N;
Pg = 2*Sg(1:N/2);
```

N 是信号 $g(t)$ 的样本数或长度。如果 $g(t)$ 的采样间隔为 T_s，持续时间为 T，则样本数 $N = T/T_s$。需要注意，因为计算是在离散方式下进行的，所以使用样本数 N，而不是信号的持续时间 T。

功率谱可以用来寻找系统的谐振频率。常用的方法是给系统施加一个正弦扫频（或调频）信号，并测量相应的输出响应。对该响应求快速傅里叶变换，然后得到功率谱，此时可以看到多个不同的信号峰值，这些峰值对应的频率就代表了描述系统的正弦波频率。

6.2.2 实验准备

1．当连杆的偏转角为 α 时，计算储存在柔性关节弹簧中的弹性势能（使用图 6.6 所示参数）。

2．计算系统的总动能，包含旋转伺服单元（转角 θ）和柔性关节模块（偏转角 α）（使用图 6.6 所示参数）。

提示：总动能 $T = \dfrac{1}{2}J_{eq}\dot{\theta}^2 + \dfrac{1}{2}J_1(\dot{\theta}+\dot{\alpha})^2$。

3．计算系统的拉格朗日差值。

4．根据式（5.3）、式（5.6）写出第一个欧拉-拉格朗日方程。注意方程的输入为施加的扭矩 τ（而不是直流电机电压）。将方程写成 $J\ddot{x}+B\dot{x}+Kx=u$ 的形式。

5．根据式（5.4）、式（5.7）写出第二个欧拉-拉格朗日方程。

6．求系统的运动方程 $\ddot{\theta}=f_1(\theta,\dot{\theta},\alpha,\dot{\alpha},\tau)$ 和 $\ddot{\alpha}=f_2(\theta,\dot{\theta},\alpha,\dot{\alpha},\tau)$。假设作用于连杆上的黏性摩擦可以忽略不计，即 $B_1=0$。

7．根据式（5.15）定义的状态 x，求线性状态空间矩阵 A 和 B。

8．参照图 6.5 标注的长度和质量，写出连杆的转动惯量 J_1 的表达式。**提示**：连杆的转动惯量等于主臂与可调负载臂转动惯量之和，可调负载臂相对于枢轴的转动惯量可利用平行轴定理计算。

6.2.3 实验练习

该实验包含两部分内容：

（1）通过测量柔性关节的自然振荡频率求其刚度。

（2）确定系统的状态空间模型，并根据实际测量结果对其进行验证。

6.2.3.1 刚度测量

要得到柔性关节的刚度，首先需要知道其自然振荡频率，即连杆振荡最剧烈时的频率。为了找到这一频率，我们给直流电机的控制端输入一个正弦扫描信号（频率逐渐增大的正弦波），然后根据测得的连杆偏转角响应生成功率谱曲线，功率谱曲线上最大振幅对应的频率，即为自然振荡频率。

柔性关节自然振荡频率测量的 Simulink 模型如图 6.8 所示。图中"SRV02 Flexible Joint"模块包含了与旋转柔性关节系统中直流电机和编码器交互的 QUARC 接口模块。正弦扫描模块"Repeating Chirp"能在设定的时间范围（15 s）内产生一个频率由低到高逐渐变化的正弦波（1～5 Hz）。模型的输出为连杆的偏转角。

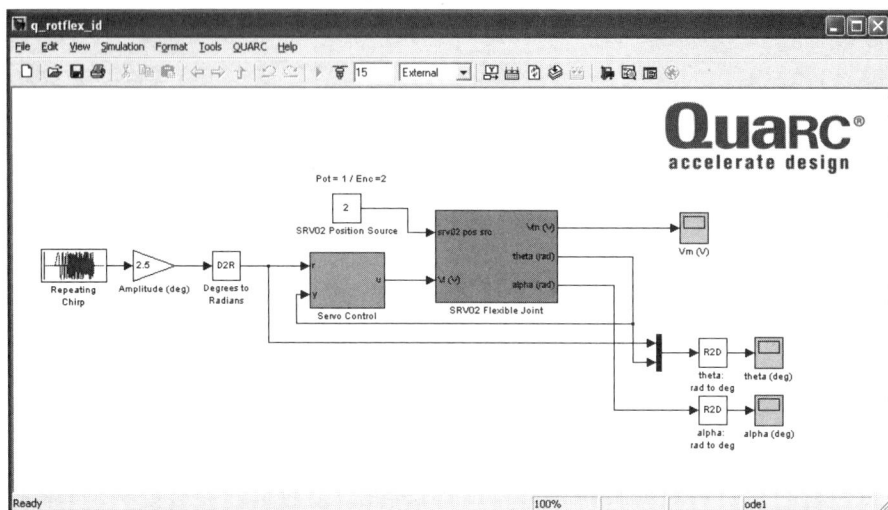

图 6.8　柔性关节自然振荡频率测量的 Simulink 模型

实验步骤：

（1）打开系统提供的 Simulink 模型"q_rotflex_id.mdl"，双击"HIL Initialize"模块，确认已配置为安装在系统中的 DAQ 设备。

（2）编译、连接并运行 QUARC 控制器（控制器运行时间设置为 15 s）。示波器的响应结果应该类似于图 6.9。

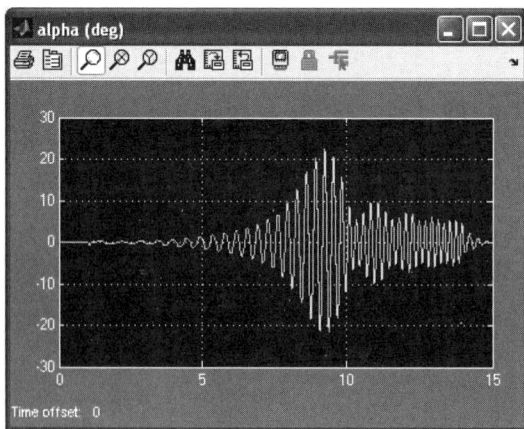

图 6.9　连杆偏转角正弦扫描响应

（3）绘制连杆偏转角响应的 Matlab 曲线。

提示：可以通过设置示波器模块，将测量数据保存到 Matlab 工作区的变量中。对于系统提供的 Simulink 模型，当控制器结束运行时，连杆偏转角响应数据被保存到 Matlab 工作区的 date_alpha 变量中，其中，date_alpha (:,1) 为时间向量，date_alpha (:,2) 为连杆的偏转角向量

（有关数据保存及 Matlab 曲线绘制的方法，可以参考附录 A 中的 A.5 节）。

（4）利用扫描响应数据和 Matlab 指令，生成一个功率谱图形（可参照 6.2.1 节中求功率谱的代码，也可以使用其他可使用的 Matlab 程序）。给出你使用的程序指令及生成的图形。

提示：当使用离散 Matlab 快速傅里叶变换指令 fft(x,n) 时，n 应该是以 2 为底数的指数。可以利用 nextpow2 函数找到这个值的大小。例如，如果信号的样本数为 250，nextpow2（250）会返回 8，则 $n = 2^8 = 256$。

（5）求连杆的自然振荡频率。由于阻尼比很小，可以认为阻尼振荡频率（测量所得）等于自然振荡频率。

（6）根据 6.2.2 节实验准备中第 8 题得到的方程，计算连杆的转动惯量 J_1。一旦计算出转动惯量，就能得到柔性关节的刚度 K_s。

6.2.3.2 模型验证

旋转柔性关节模型验证的 Simulink 模型如图 6.10 所示。图中"SRV02 Flexible Joint"模块包含了与旋转柔性关节中直流电机和传感器交互的 QUARC 接口模块，"State-Space"模块包含了旋转柔性关节的状态空间模型（状态空间矩阵 **A**、**B**、**C**、**D** 需提前载入 Matlab 工作区）。对实际系统及其模型同时施加阶跃或脉冲输入，测量它们的负载轴角和连杆偏转角。

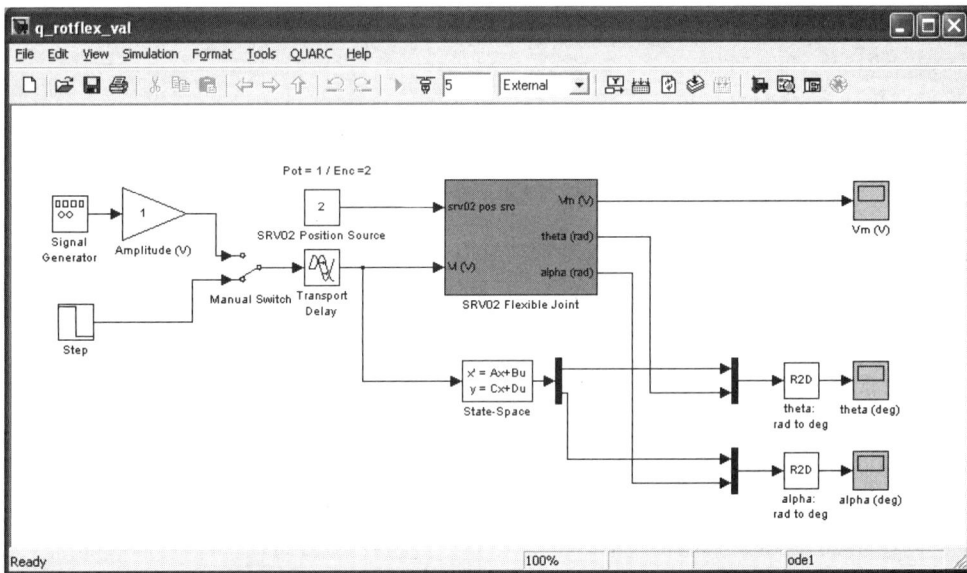

图 6.10　旋转柔性关节模型验证的 Simulink 模型

实验步骤：

（1）打开系统提供的 Simulink 模型"q_rotflex_val.mdl"，双击"SRV02 Flexible Joint"子系统中的"HIL Initialize"模块，确认已配置为安装在系统中的 DAQ 设备。

（2）打开脚本文件"setup_rotflex.m"，配置模型参数，进行脚本的设置。然后运行该脚本文件。

脚本设置内容如下：

- EXT_GEAR_CONFIG 设置为"HIGH"。
- LOAD_TYPE 设置为"NONE"。

- 根据 SRV02 的配置设置参数 ENCODER_TYPE，TACH_OPTION，AMP_TYPE 和 VMAX_DAC，实验中将使用。
- CONTROL_TYPE 设置为 "MANUAL"。

（3）当出现如下系统提示时，输入 6.2.3.1 节得到的刚度。此刚度值将保存在 Matlab 的变量 Ks 中。

```
Enter link stiffness (Ks):
```

（4）根据输入的刚度，Matlab 提示产生如下控制增益（此增益是 K_s 为 1 时产生的）：

```
K =
      0    0    0    0
cls_poles =
      0    0    0    0
```

这意味着脚本文件运行正确。

（5）在 Matlab 中，打开脚本文件 "ROTFLEX_ABCD_eqns_student.m"，状态空间矩阵的初始值如下：

```
A = [0   0   1   0;
     0   0   0   1;
     0  500  -5  0;
     0 -750   5  0];
B = [0   0  500  -500];
C = zeros(2,4);
D = zeros(2,1);
```

（6）输入 6.2.2 节第 7 题得到的状态空间矩阵 **A**、**B** 及 5.2.1 节设定的 **C** 和 **D**。在 Matlab 中，刚度和连杆的转动惯量分别定义为 Ks 和 Jl，SRV02 的转动惯量和黏性摩擦系数分别用 Jeq 和 Beq 表示（SRV02 无负载时，$J_{eq} = 2.08 \times 10^{-3}$ kg·m^2，$B_{eq} = 0.004$ N·m/(rad/s)）。

（7）运行脚本文件 ROTFLEX_ABCD_eqns_student.m，将状态空间矩阵载入 Matlab 工作区。写出 Matlab 提示符下显示的数值矩阵。

（8）上述状态空间模型的输入量是作用于负载齿轮（或柔性关节枢轴）上的转矩，但是我们并不直接控制转矩，我们控制的是电机电压，因此在脚本文件 setup_rotflex.m 的系统模型部分，已根据式（5.8）给出的电压-转矩关系，将执行机构的动力学方程添加到了状态空间矩阵中，具体代码如下：

```
Ao = A;
Bo = B;
B = eta_g*Kg*eta_m*kt/Rm*Bo;
A(3,3) = Ao(3,3) - Bo(3)*eta_g*Kg^2*eta_m*kt*km/Rm;
A(4,3) = Ao(4,3) - Bo(4)*eta_g*Kg^2*eta_m*kt*km/Rm;
```

（9）再次运行脚本文件 setup_rotflex.m，得到基于直流电机电压的旋转柔性关节模型。

（10）将 "Manual Switch" 开关打到下方，输入阶跃信号。检查系统周围是否有障碍物。

（11）编译、连接并运行 QUARC 控制器。示波器的响应结果应该类似于图 6.11。在图 6.11（a）中，曲线①为仿真系统的负载轴角位置响应，曲线②为实际系统的负载轴角位置响应。在图 6.11（b）中，曲线①为仿真系统的连杆偏转角响应，曲线②为实际系统的连杆偏转角响应，实际系统的连杆偏转角振幅小于仿真系统。

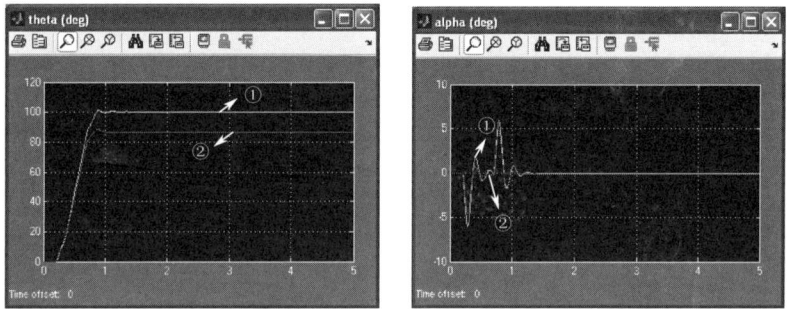

（a）负载轴角位置响应　　　　　　　　（b）连杆偏转角响应

图 6.11　旋转柔性关节模型验证响应

（12）如果仿真系统与实际系统的响应相符，则进行下一个步骤。如果不相符，则可能模型有问题，需要从以下几个方面进行排查：

● 状态空间模型是否正确输入到脚本文件中；

● 刚度 K_s 不正确，查看计算过程或重新测试；

● 检查 6.2.2 节中的模型推导过程，是否在求解运动方程时出了错。

（13）绘制负载轴角位置与连杆偏转角响应的 Matlab 曲线。

（14）检查建立的模型是否能够很好地描述实际系统。我们希望得到系统的准确模型，但这是不可能的，上述实验只是检测你的模型与实际系统的相似程度。正如图 6.11 所示，仿真响应并不能完全拟合实际系统响应。

（15）说明所建模型不能准确反映实际系统的原因（至少一个）。

（16）在 Matlab 中，使用加载的状态空间矩阵 A 求解系统的开环极点（6.3.3 节实验准备中的问题需要用到这一结果）。

6.2.4　建模实验结果

旋转柔性关节建模结果总结见表 6.4。

表 6.4　旋转柔性关节建模结果总结

项　　目	参　　数	符　　号	数　　值	单　　位
刚度测量	自然振荡频率	ω_n		
	刚度	K_s		
模型验证	状态空间矩阵	A		
		B		
		C		
		D		
	开环极点	OL		

6.3　控制系统设计

6.3.1　系统设计指标

对于旋转柔性关节，当负载轴跟踪 $\pm 20°$ 角的方波信号时，要求控制系统满足以下性能指标：

时域指标：调节时间（负载轴角误差为 4%）：$t_s \leqslant 0.5\,\mathrm{s}$；

　　　　　负载轴角超调量：$\mathrm{PO} \leqslant 5\%$；

　　　　　连杆最大偏转角：$|\alpha| \leqslant 12.5°$；

　　　　　最大控制电压：$|V_m| \leqslant 10\,\mathrm{V}$。

期望的闭环极点：

　　　　　阻尼比：$\zeta = 0.6$；

　　　　　自然振荡频率：$\omega_n = 20\,\mathrm{rad/s}$；

　　　　　非主导极点：$\{p_3 = -30,\ p_4 = -40\}$。

6.3.2　系统分析与设计

在 6.2 节中，我们得到了旋转柔性关节系统的线性状态空间模型，本节我们将利用状态反馈极点配置方法进行控制器的设计。如果系统可控，可以根据状态反馈控制律的形式计算待定的闭环特征多项式，再将该多项式与给定特征值配置的多项式进行系数比较，从而得到控制增益矩阵 $\boldsymbol{K}$。

1.　友矩阵

设 $\boldsymbol{A}$ 的特征多项式为 $s^n + a_n s^{n-1} + \ldots + a_1$，若受控系统（$\boldsymbol{A}, \boldsymbol{B}$）可控，且 $\boldsymbol{B}$ 是 $n \times 1$ 矩阵，则存在一个相似变换矩阵 $\boldsymbol{T}$ 使得矩阵对（$\boldsymbol{A}, \boldsymbol{B}$）变换为（$\widetilde{\boldsymbol{A}}, \widetilde{\boldsymbol{B}}$），其中

$$\widetilde{\boldsymbol{A}} = \begin{bmatrix} 0 & 1 & \cdots & 0 & 0 \\ 0 & 0 & \ldots & 0 & 0 \\ \vdots & \vdots & \ddots & \vdots & \vdots \\ 0 & 0 & \cdots & 0 & 1 \\ -a_1 & -a_2 & \cdots & -a_{n-1} & -a_n \end{bmatrix} \tag{6.8}$$

$$\widetilde{\boldsymbol{B}} = \begin{bmatrix} 0 \\ \vdots \\ 0 \\ 1 \end{bmatrix} \tag{6.9}$$

相似变换矩阵选取的方法为

$$\boldsymbol{W} = \boldsymbol{T} \widetilde{\boldsymbol{T}}^{-1}$$

式中，$\boldsymbol{T}$ 为式（5.30）定义的可控性矩阵，并且有

$$\widetilde{\boldsymbol{T}} = \begin{bmatrix} \widetilde{\boldsymbol{B}} & \widetilde{\boldsymbol{B}}\widetilde{\boldsymbol{A}} & \widetilde{\boldsymbol{B}}\widetilde{\boldsymbol{A}}^2 & \cdots & \widetilde{\boldsymbol{B}}\widetilde{\boldsymbol{A}}^n \end{bmatrix}$$

那么

$$W^{-1}AW = \widetilde{A}$$
$$W^{-1}B = \widetilde{B}$$

2. 状态反馈控制

旋转柔性关节状态反馈控制方框图如图 6.12 所示，该控制系统的目标是，使负载轴角稳定在设定的位置 θ_d，同时尽量减小连杆的偏转。

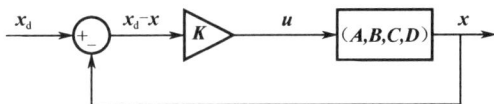

图 6.12 旋转柔性关节状态反馈控制方框图

图 6.12 中，参考信号为 $\boldsymbol{x}_d = [\theta_d \quad 0 \quad 0 \quad 0]$，控制律为 $\boldsymbol{u} = \boldsymbol{K}(\boldsymbol{x}_d - \boldsymbol{x})$。如果 $\boldsymbol{x}_d = [0 \quad 0 \quad 0 \quad 0]$，则 $\boldsymbol{u} = -\boldsymbol{Kx}$，这是本实验将采用的控制算法。

3. 极点配置

下面举例说明控制增益 $\boldsymbol{K}$ 的求解方法。考虑以下系统：

$$\boldsymbol{A} = \begin{bmatrix} 0 & 1 & 0 \\ 0 & 0 & 1 \\ 3 & -1 & -5 \end{bmatrix}, \quad \boldsymbol{B} = \begin{bmatrix} 0 \\ 0 \\ 1 \end{bmatrix}$$

$\boldsymbol{A}$、$\boldsymbol{B}$ 已经为友矩阵形式。现在我们希望将闭环极点配置在 $[-1 \quad -2 \quad -3]$，即期望的特征多项式为

$$(s+1)(s+2)(s+3) = s^3 + 6s^2 + 11s + 6 \tag{6.10}$$

对于控制增益 $\boldsymbol{K} = [k_1 \quad k_2 \quad k_3]$，相应的闭环系统矩阵为

$$\boldsymbol{A} - \boldsymbol{BK} = \begin{bmatrix} 0 & 1 & 0 \\ 0 & 0 & 1 \\ 3-k_1 & -1-k_2 & -5-k_3 \end{bmatrix}$$

$\boldsymbol{A} - \boldsymbol{BK}$ 的特征多项式为

$$s^3 + (k_3+5)s^2 + (k_2+1)s + (k_1-3) \tag{6.11}$$

令式（6.11）的系数与式（6.10）期望多项式的系数相等，得 $k_1 = 9$，$k_2 = 10$，$k_3 = 1$。即当控制增益 $\boldsymbol{K} = [9 \quad 10 \quad 1]$ 时，系统的闭环极点被配置到期望的位置。

对于一个可控系统 $(\boldsymbol{A}, \boldsymbol{B})$，其控制增益 $\boldsymbol{K}$ 的设计步骤概括如下：

（1）计算矩阵 $\boldsymbol{A}$ 的特征多项式，求友矩阵 $\widetilde{A}$、$\widetilde{B}$。

（2）计算 $\boldsymbol{W} = \boldsymbol{T}\widetilde{\boldsymbol{T}}^{-1}$。

（3）将式（6.12）所示的 $\widetilde{A} - \widetilde{B}\widetilde{K}$ 的极点配置到期望的极点位置，得到 $\widetilde{K}$。

$$\widetilde{A} - \widetilde{B}\widetilde{K} = \begin{bmatrix} 0 & 1 & \cdots & 0 & 0 \\ 0 & 0 & \cdots & 0 & 0 \\ \vdots & \vdots & \ddots & \vdots & \vdots \\ 0 & 0 & \cdots & 0 & 1 \\ -a_1-k_1 & -a_2-k_2 & \cdots & -a_{n-1}-k_{n-1} & -a_n-k_n \end{bmatrix} \tag{6.12}$$

（4）计算 $\boldsymbol{K} = \widetilde{K}\boldsymbol{W}^{-1}$，得到原系统 $(\boldsymbol{A}, \boldsymbol{B})$ 的反馈控制增益。

■注意：$\widetilde{K} \to K$ 的转换很重要。（A, B）表示实际系统而友矩阵 $\widetilde{A}$、$\widetilde{B}$ 不是。

4．期望极点

旋转柔性关节系统 4 个闭环极点的期望位置如图 6.13 所示。极点 p_1 和 p_2 为共轭复主导极点，极点的选择要使系统满足 6.3.1 节提出的自然振荡频率 ω_n、阻尼比 ζ 等性能指标要求。设共轭复极点 $p_{1,2} = -\sigma \pm \mathrm{j}\omega_d$，其中，$\sigma = \zeta\omega_n$，$\omega_d = \omega_n\sqrt{1-\zeta^2}$ 为系统的阻尼振荡频率。闭环极点 p_3、p_4 位于主导极点左侧的实轴上。

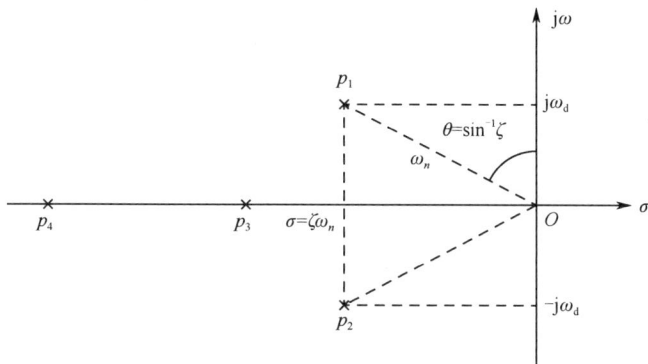

图 6.13　闭环极点期望位置

6.3.3　实验准备

1．根据 6.2.3 节模型验证实验步骤（16）得到的系统开环极点，判断系统是稳定、临界稳定、还是不稳定的？你判定的系统的稳定性是否与实际系统相符（可以参考模型验证实验的结果）？

2．利用得到的开环极点，写出系统的特征多项式。

3．写出友矩阵 $\widetilde{A}$、$\widetilde{B}$，参考式（6.8）、式（6.9）。

4．根据 6.3.1 节提出的性能指标要求，计算两个闭环主导极点 p_1、p_2 的位置，再加上另外两个指定的极点：$p_3 = -30$，$p_4 = -40$，写出期望的系统特征多项式。

5．对系统（$\widetilde{A}\quad\widetilde{B}$）应用控制律 $u = -\widetilde{K}x$，系统变为（$\widetilde{A} - \widetilde{B}\widetilde{K}\quad\widetilde{B}$），计算能够将极点配置到期望位置的控制增益 $\widetilde{K}$。

6.3.4　实验练习

6.3.4.1　计算控制增益

实验步骤：

（1）运行脚本文件"ROTFLEX_ABCD_eqns_student.m"，加载模型验证实验后得到的旋转柔性关节的模型。

（2）使用 Matlab 相关命令，判断系统是否可控，并说明原因。

（3）打开脚本文件"d_pole_placement_student.m"（内容如下）。运行该脚本，得到模型的友矩阵 $\widetilde{A}$、$\widetilde{B}$（Matlab 中，$\widetilde{A}$、$\widetilde{B}$ 用变量 Ac 和 Bc 表示）。

```
% Characteristic equation: s^4 + a_4*s^3 + a_3*s^2 + a_2*s + a_1
```

```
a = poly(A);
%
% Companion matrices (Ac, Bc)
Ac = [ 0 1 0 0;
       0 0 1 0;
       0 0 0 1;
      −a(5) −a(4) −a(3) −a(2)];
%
Bc = [0; 0; 0; 1];
% Controllability
T = 0;
% Controllability of companion matrices
Tc = 0;
% Transformation matrices
W = 0;
```

为了得到控制增益 K，我们需要知道变换矩阵 W，$W = T\widetilde{T}^{-1}$（Matlab 中，$\widetilde{T}$ 用变量 Tc 表示）。修改"d_pole_placement_student.m"脚本，计算可控性矩阵 T、友矩阵 Tc 及其逆，以及 W。给出你修改的脚本及计算得到的 T、Tc、Tc 的逆、W。

（4）在"d_pole_placement_student.m"脚本中输入 6.3.3 节第 5 题得到的 $\widetilde{K}$（Matlab 中用变量 Kc 表示），根据 $K = \widetilde{K}W^{-1}$ 修改脚本。再次运行脚本，得到控制增益 K。

（5）验证系统的闭环极点，即 $A-BK$ 的特征值，该系统的极点是否配置到期望的位置（对照 6.3.3 节第 4 题计算得到的系统闭环极点）？如果没有，返回重新设计，直到找到满足要求的控制增益。

（6）在前面的练习中，控制增益 K 是通过人工矩阵运算得到的。这些工作也可以通过使用预定义的 Matlab 补偿器设计命令来完成。运用 Matlab 极点配置命令找到控制增益 K，并验证生成的增益与上述方法得到的相同。

6.3.4.2　极点配置的状态反馈控制仿真

在进行实际系统控制实验之前，首先基于系统的线性状态空间模型和计算得到的控制增益，进行系统仿真实验，测试当前控制作用下的仿真结果能否满足期望的性能指标要求。

旋转柔性关节负载轴角位置控制仿真的 Simulink 模型如图 6.14 所示。图中"Smooth Signal Generator"模块产生一个频率为 0.33 Hz、幅值为 1 的方波信号，该信号经"Rate Limiter"模块平滑处理后，再通过"Amplitude（deg）"模块放大得到位置输入信号（±20°）。"Controller"模块中的控制增益 K 从 Matlab 工作区读取，同样，"State-Space"模块也从 Matlab 工作区读取加载的 A、B、C、D 状态空间矩阵。

实验步骤：

（1）打开系统提供的 Simulink 仿真模型"s_rotflex.mdl"，将"Manual Switch"开关打到上方，采用全状态反馈控制方式。

（2）运行脚本文件"ROTFLEX_ABCD_eqns_student.m"，加载模型验证实验后得到的旋转柔性关节的模型。

（3）运行脚本文件"setup_rotflex.m"，输入 6.2.3.1 节得到的刚度 K_s，以及 6.3.4.1 节得到的控制增益 K。

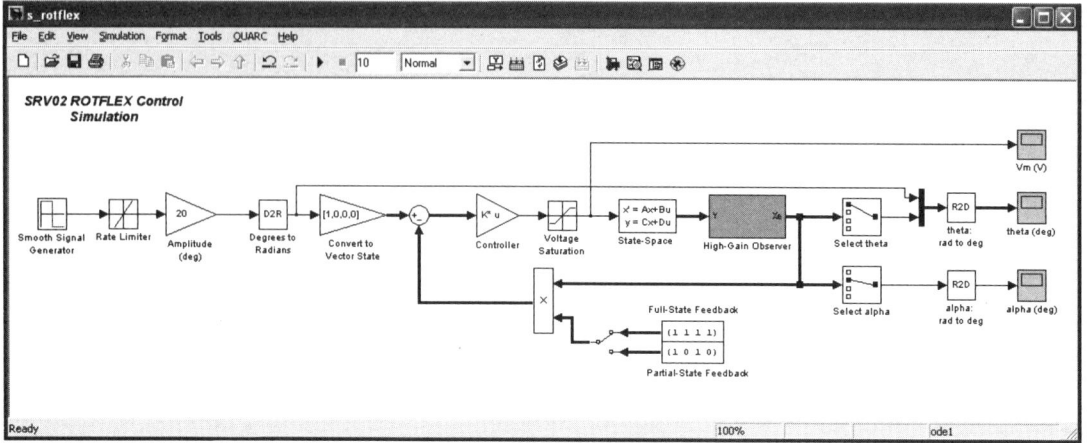

图 6.14　旋转柔性关节负载轴角位置控制仿真的 Simulink 模型

（4）编译、连接并运行 QUARC 控制器，得到类似图 6.15 所示的仿真响应曲线（此曲线为控制增益 **K** 随机取值时的仿真响应曲线）。

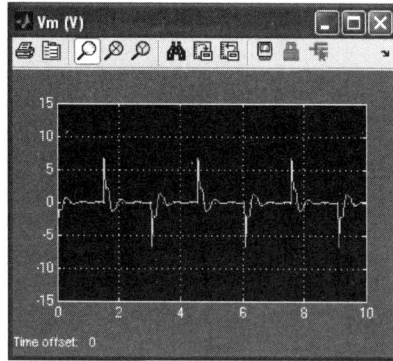

（a）电机控制电压

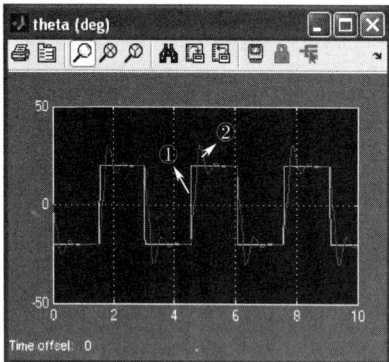

（b）负载轴角位置响应（①-设定值，②-响应）

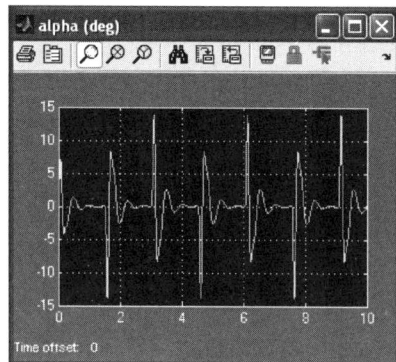

（c）连杆偏转角响应

图 6.15　随机控制参数下的仿真系统响应

（5）绘制仿真系统电机电压、负载轴角位置与连杆偏转角响应的 Matlab 曲线，并将其附在实验报告中。

（6）测量负载轴角位置响应的调节时间、超调量，以及连杆的最大偏转角和最大电机电压。判断是否满足 6.3.1 节提出的时域性能指标要求。

6.3.4.3　极点配置的状态反馈控制实验

本实验将采用 6.3.4.1 节得到的控制增益 K 进行负载轴角位置控制，要求控制系统满足 6.3.1 节提出的时域性能指标要求。

旋转柔性关节负载轴角位置控制的 Simulink 模型如图 6.16 所示。图中"SRV02 Flexible Joint"模块包含了与旋转柔性关节系统中直流电机和传感器交互的 QUARC 接口模块。位置输入信号为±20°的方波信号（与仿真实验类同）。

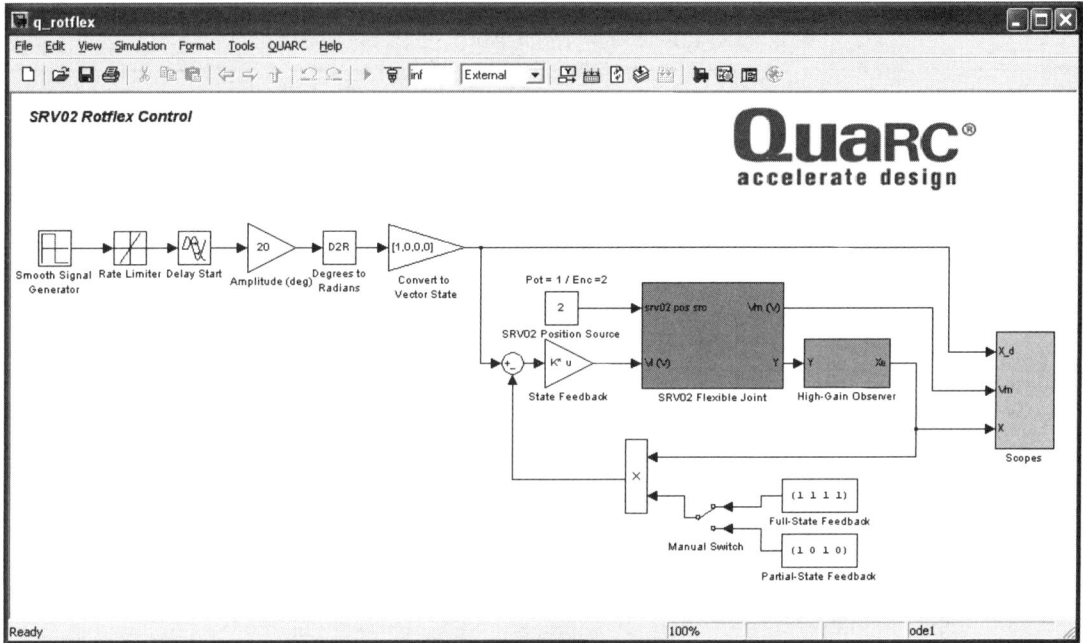

图 6.16　旋转柔性关节负载轴角位置控制的 Simulink 模型

实验步骤：

（1）打开系统提供的 Simulink 模型"q_rotflex.mdl"，双击"SRV02 Flexible Joint"模块中的"HIL Initialize"模块，确认已配置为安装在系统中的 DAQ 设备。将"Manual Switch"开关打到上方，采用全状态反馈控制方式。

（2）打开脚本文件"setup_rotflex.m"，配置模型参数，进行脚本的设置，可参考模型验证实验的步骤（2），然后运行该脚本文件。

（3）加载 6.3.4.1 节得到的控制增益 K。

（4）编译、连接、运行 QUARC 控制器。

（5）一旦获得合适的系统响应，结束 QUARC 控制器的运行。

（6）绘制该实验系统电机电压、负载轴角位置与连杆偏转角响应的 Matlab 曲线。

（7）测量负载轴角位置响应的调节时间、超调量，以及连杆的最大偏转角。判断是否满足 6.3.1 节提出的时域性能指标要求。

6.3.4.4　极点配置的部分状态反馈控制实验

旋转柔性关节部分状态反馈控制的 Simulink 模型设置与 6.3.4.3 节类同。

实验步骤：

步骤（1）～（7）可参考极点配置的状态反馈控制实验，不同之处为在步骤（1）中，将"Manual Switch"开关打到下方，采用部分状态反馈控制方式。

（8）观察部分状态反馈控制响应和全状态反馈控制响应之间的差异。通过查看"q_rotflex.mdl" Simulink 模型，说明为什么部分状态反馈控制会有步骤（6）得到的响应结果。

6.3.5 实验结果

填写旋转柔性关节负载轴角位置控制结果总结表，表中包含的参数和符号参见表 6.5。

表 6.5　旋转柔性关节负载轴角位置控制结果总结表

项　　目	参　　数	符　　号	数　　值	单　　位
实验准备	期望极点	DP		
	友矩阵	$\widetilde{K}$		
计算控制增益	转换矩阵	W		
	控制增益	K		
	闭环极点	CLP		
状态反馈控制仿真	控制增益	K		
	调节时间	t_s		s
	超调量	PO		%
	最大偏转角	$|\alpha|_{max}$		deg
全状态反馈控制实验	控制增益	K		
	调节时间	t_s		s
	超调量	PO		%
	最大偏转角	$|\alpha|_{max}$		deg
部分状态反馈控制实验	控制增益	K		
	调节时间	t_s		s
	超调量	PO		%
	最大偏转角	$|\alpha|_{max}$		deg

附录 A　SRV02 接口功能实现

基于 Matlab/Simulink 与 QUARC 软件平台的 Quanser 旋转运动控制实验，都要涉及信号的采集与控制。SRV02 旋转伺服基本单元包含编码器、电位器、转速计三类传感器，故附录 A 主要介绍直流电机与上述传感器接口功能的实现方法。

对于 SRV02 旋转伺服基本单元及以 SRV02 为基础的旋转运动系列实验装置，QUARC Targets 库中的功能模块主要用来实现与数据采集板（DAQ）的交互功能，因此，Simulink 模型中 "HIL Initialize" 模块的板卡类型应该选择实际控制系统中的 DAQ 设备类型，如 Quanser 的 Q2-USB 或 Q8-USB。

■**注意**：实验前要确保已按照 3.1.3 节描述的方式连接好设备。

A.1　直流电机驱动

直流电机驱动的 Simulink 模型如图 A.1 所示，电机控制端施加的信号为正弦电压信号。

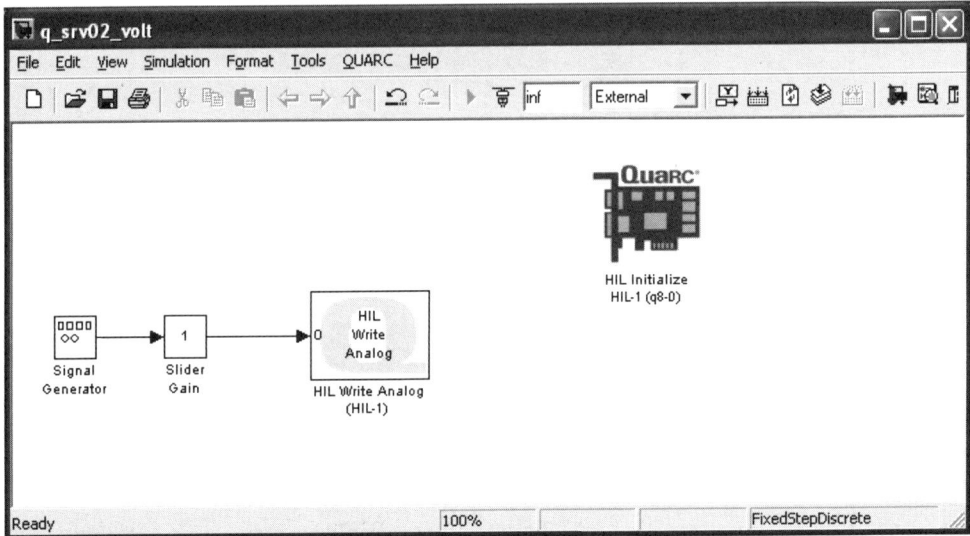

图 A.1　对 SRV02 电机施加电压的 Simulink 模型

实验步骤：
1）构建 Simulink 模型
（1）运行 Matlab 软件。
（2）创建一个新的 Simulink 模型：单击菜单栏中的 Simulink，选择 New 项中的 Blank Model（或 File | New | Blank Model）。
（3）打开 Simulink 的 Library Browser 窗口：单击菜单栏中的 View | Library Browser（或单击 Simulink 图标，打开 Simulink 库浏览器窗口）。
（4）展开 QUARC Targets 项，选择 Data Acquisition | Generic | Configuration 类。在目标

库窗口选中"HIL Initialize"模块，并将其拉至空白的 Simulink 建模区域。该模块用于对数据采集设备进行配置。

（5）双击"HIL Initialize"模块，在板卡类型栏选择实际使用的 DAQ 设备类型，如 Q2-USB 或 Q8-USB。

■**注意**：确保模块编辑窗口下方的"Apply"选项被选中，其他模块类似。

（6）添加"HIL Write Analog"模块，该模块在 Library Browser 的 QUARC Targets | Data Acquisition | Generic | Immediate I/O 类中。该模块用于将控制信号通过数据采集板的模拟量输出通道输出。

（7）双击"HIL Write Analog"模块，出现如图 A.2 所示界面。"Board name"设置为 HIL-1，这是初始化模块的设备号。"Channels"为模拟量输出的通道号，如果设备连接方式如 3.1.3 节描述，则通道号为 0。"Sample time"默认值为-1，表明采样间隔与前一个模块相同。默认情况下，模拟量输出通道的电压范围为-10～10 V，当 QUARC 控制器结束运行时，输出电压置 0。

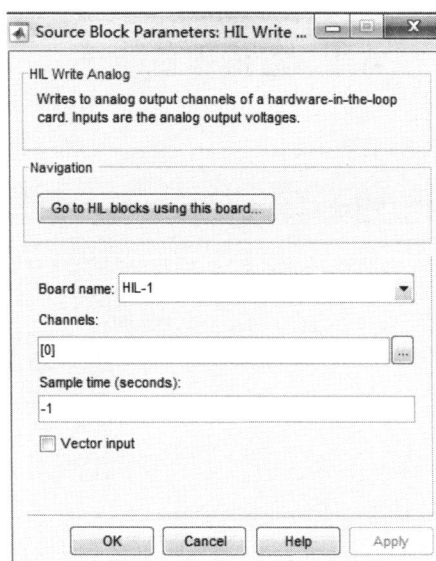

图 A.2　模拟量输出模块设置界面

（8）添加"Signal Generator""Slider Gain"模块。"Signal Generator"模块在 Simulink | Source 类中，"Slider Gain"模块在 Simulink | Math Operations 类中。连接"Signal Generator""Slider Gain""HIL Write Analog"模块（见图 A.1）。

（9）保存 Simulink 模型。

2）编译模型

（1）单击 QUARC | Set default options，设置默认的实时运行参数。默认情况下，Simulink 模型使用模式为"external"，即实际系统运行模式（与单纯的仿真模式相反）。

（2）单击 QUARC | Options，查看、修改编译器选项。"Solver"栏内容如图 A.3 所示。

● Stop time：设置为 inf 时，程序将一直运行直至用户手动停止。也可以将 Stop time 设置为你希望的运行时间，当运行时长达到时，程序自动停止。

● Type：默认设置为 Fixed-step。当编译实际系统代码时，必须取固定步长。仿真系统可以取可变步长。

- Solver：默认设置为 discrete。当 Simulink 模型中不包含连续性功能模块时，最好选择离散的处理器。但是，如果模型中包含积分器模块或其他连续系统，那么该项就要选择积分方式，如 ode1（Euler）。
- Fixed-step size：设置控制器的采样时间。默认情况下，设置为 0.002 s，即采样频率为 500 Hz。

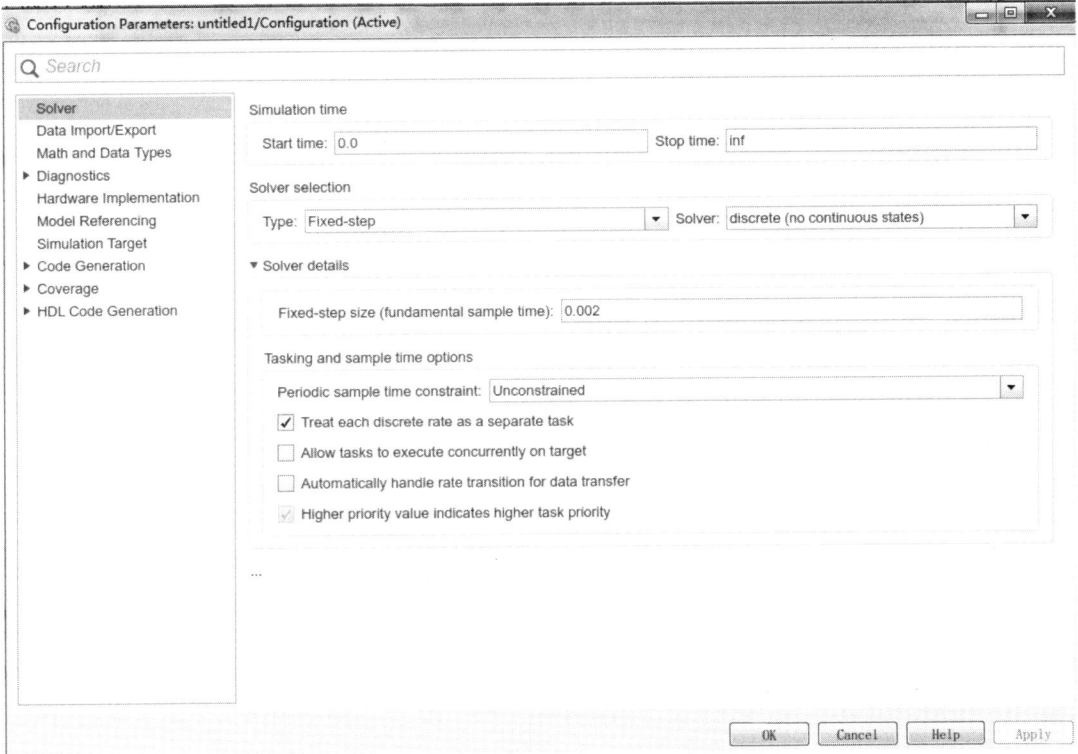

图 A.3　Simulink 模型运行参数设置界面

（3）单击 QUARC | Build，编译 Simulink 模型。如果编译成功，则生成一个包含各种 C 文件和 Matlab 文件的文件夹，同时创建一个 QUARC 可执行文件（.exe），即 QUARC 控制器。

3）运行 QUARC 控制器

（1）接通功率放大器与数据采集板的电源。

（2）单击 QUARC | Start，运行 QUARC 控制器。此时 SRV02 上的齿轮应该开始来回旋转。Start 命令实际完成了两个操作步骤：①连接到目标；②执行代码。大家可以通过工具栏图标或者菜单命令（Simulation | Connect to target 与 Simulation | Start Real-Time）分别执行这两个步骤。

（3）双击 "Signal Generator" 模块打开其参数窗口，将频率改为 0.5 Hz。单击确认后，观察 SRV02 上齿轮的转速是不是立刻变慢了。

（4）在 0~2 之间改变 "Slider Gain" 模块的值，观察 SRV02 齿轮的转速如何随正弦波的振幅成比例变化。

（5）单击 QUARC |Stop 项，结束 QUARC 控制器的运行（或单击工具栏上的结束图标）。

（6）如果不再进行其他实验，则关闭功率放大器与数据采集板的电源。

A.2 使用电位器测量位置

使用电位器测量位置电压信号的 Simulink 模型如图 A.4 所示，该模型以图 A.1 所示 Simulink 模型为基础。

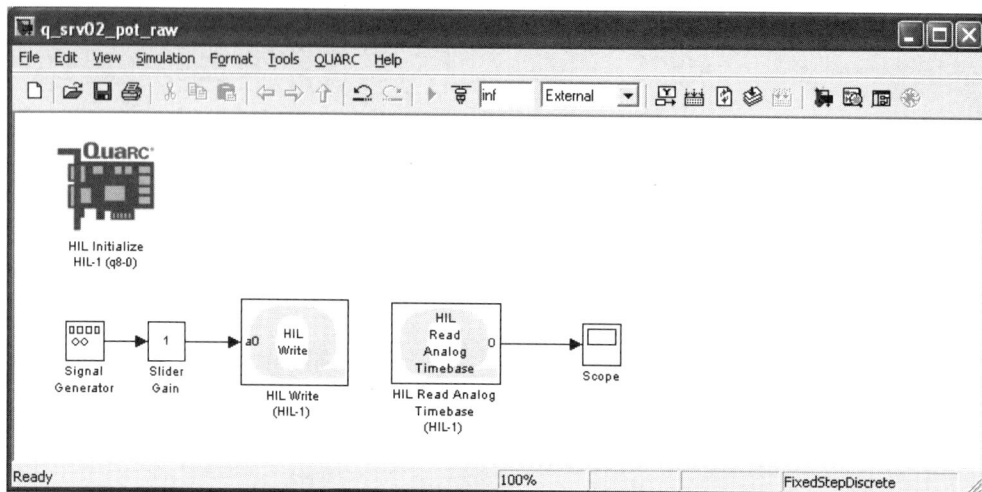

图 A.4 使用电位器测量位置电压信号的 Simulink 模型

实验步骤:

1）测量电位器电压

（1）打开图 A.1 所示的 Simulink 模型，将 QUARC Targets | Data Acquisition | Generic | Timebases 类中的"HIL Read Analog Timebase"模块拖入其中。该模块用于读取数据采集板模拟量输入通道的电压（按照 3.1.3 节的设备连接方式，电位器连接到数据采集板的模拟输入#0，故通道号选 0）。

（2）添加"Scope"模块，该模块在 Simulink | Sinks 类中。将该模块与"HIL Read Analog Timebase"模块相连，如图 A.4 所示。

（3）将信号发生器的频率设置为 1.0 Hz，"Slider gain"模块设置为 1。双击"Scope"模块打开示波器。

（4）保存 Simulink 模型。

（5）接通功率放大器与数据采集板的电源。

（6）编译、连接并运行 QUARC 控制器。

（7）当 SRV02 齿轮来回旋转时，示波器显示电位器的测量值，如图 A.5 所示。此时显示的波形反映的是电位器的测量电压，而不是以度或弧度为单位的角度测量值。

（8）在 0.1~2 Hz 之间调节正弦波的频率，在 0~2 之间改变"Slider Gain"模块增益，观察 SRV02 齿轮旋转变化情况，以及示波器的测量值是如何随参数的变化而变化的。

■注意：该电位器具有 352°的电气测量范围，对应的输出电压为-5~5 V。在上述实验中，电位器输出结果是一个不连续的电压信号，如图 A.6 所示。因此，该电位器的缺点是，在进行位置控制或通过求微分进行速度控制时，转角不能超过±180°。

（9）结束 QUARC 控制器的运行。

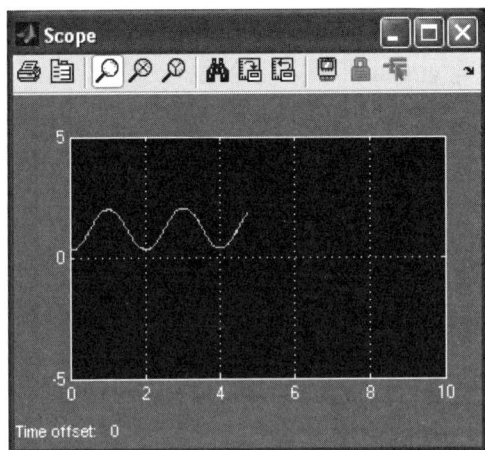

图 A.5　SRV02 电位器的测量电压

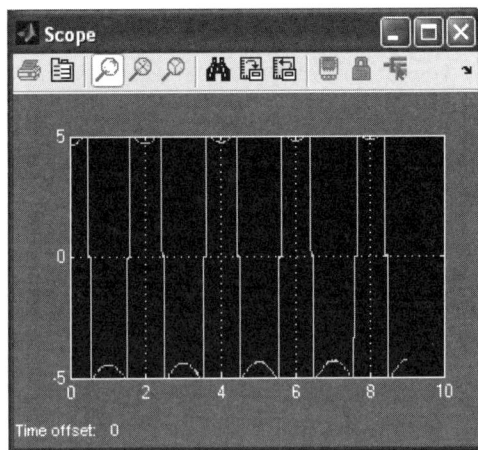

图 A.6　电位器的输出为不连续电压

2）测量位置

以图 A.4 所示 Simulink 模型为基础，设计如图 A.7 所示利用电位器测量负载轴角位置的 Simulink 模型。

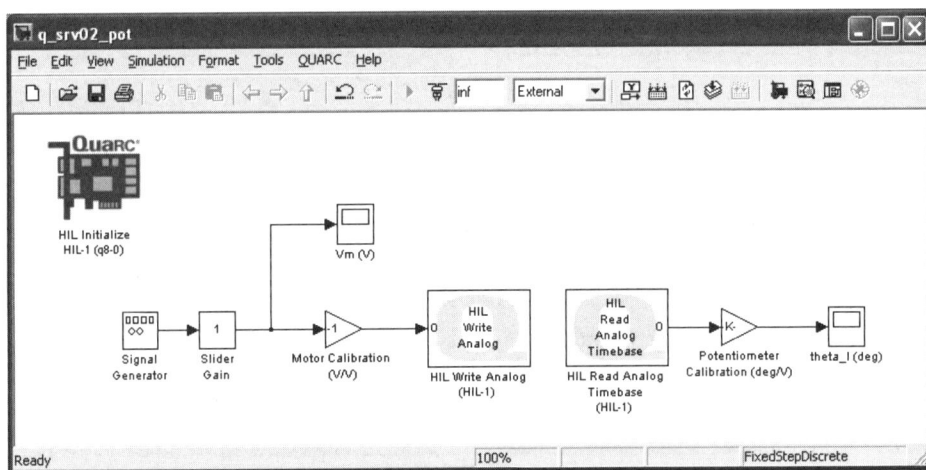

图 A.7　利用电位器测量负载轴角位置的 Simulink 模型

（1）将连接到"HIL Read Analog Timebase"模块的示波器标记为 theta_1 (deg)，表明该示波器将显示负载轴的角度测量值，单位为度。

（2）添加一个"Scope"模块，标记为 Vm（V），并把它连到"Slider Gain"模块的输出端，如图 A.7 所示。该示波器用来显示电机的控制电压。

（3）添加两个"Gain"模块：

● 一个位于"Slider Gain"与"HIL Write Analog"模块之间，标记为 Motor Calibration（V / V）。目前，当电压为正时，负载齿轮顺时针旋转。而按照惯例，我们希望电压为正时，负载齿轮逆时针旋转。所以，将"Motor Calibration（V / V）"模块设置为-1。

● 另一个位于"HIL Read Analog Timebase"与"theta_1"示波器之间，标记为 Potentiometer Calibration（deg/V），该增益模块是将测量电压转换成对应的负载轴角位置。当负载旋转 352°时，电位器的输出在±5 V 之间，所以，该增益模块的值应该为 352/10。

（4）将"theta_1"示波器的 y 轴范围设置为-180～180，以便能够观察到完整的信号。

（5）将信号发生器的频率设置为 0.25 Hz，"Slider Gain"模块设置为 1。

（6）打开"Vm"和"theta_1"示波器。

（7）保存 Simulink 模型。

（8）接通功率放大器与数据采集板的电源。

（9）编译、连接并运行 QUARC 控制器。

（10）滑动"Slider gain"模块，使其值为 0。

（11）手动旋转负载齿轮，同时查看"theta_1"示波器的响应，将负载轴角位置调整到 0°。

（12）滑动"Slider gain"模块，使其值为 1。

（13）观察输入电压与负载轴角位置之间的关系。可以发现，当输入电压为正时，电位器的测量角度减小，即负载齿轮顺时针旋转（这与我们对于电机模型的约定不符）。在"Potentiometer Calibration（deg/V）"增益模块的值前添加一个负号，该值变为-352/10。重复上述实验，可以得到如图 A.8 所示的位置测量结果，即当电机输入电压为正时，负载轴角位置正向增加，即负载齿轮逆时针旋转。

■**注意：**对于电机模型，我们假设控制电压为正时，电机逆时针旋转。反馈控制系统设计是基于模型的，因此实际系统必须遵循与其模型相同的约定。

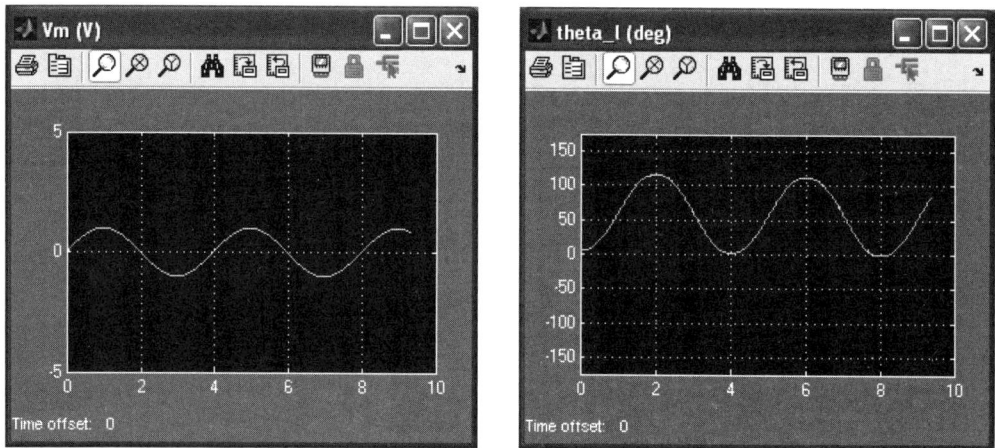

（a）正弦输入电压　　　　　　　（b）电位器测量的负载轴角位置响应

图 A.8　正弦电压作用下的负载轴角位置响应

（14）结束 QUARC 控制器的运行。

（15）如果不再进行其他实验，关闭功率放大器与数据采集板电源。

A.3　使用转速计测量速度

使用转速计测量负载轴转速的 Simulink 模型如图 A.9 所示，该模型以图 A.7 所示的 Simulink 模型为基础。

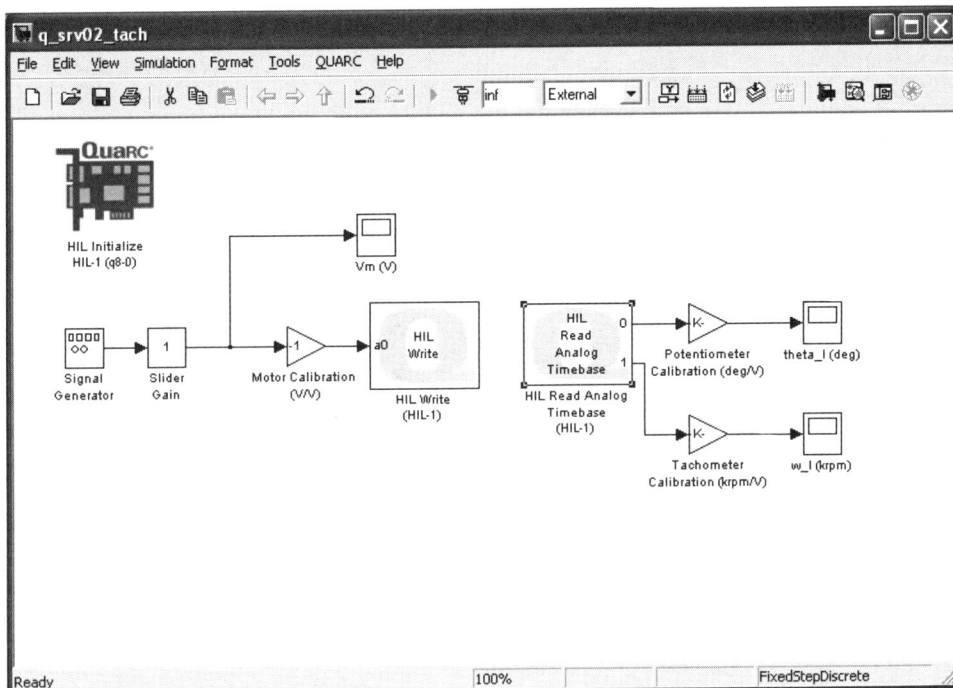

图 A.9 使用转速计测量负载轴转速的 Simulink 模型

实验步骤：

（1）打开图 A.7 所示的 Simulink 模型，双击"HIL Read Analog Timebase"模块打开其属性窗口。在 channels 栏添加模拟输入通道#1，此时 channels 栏设置为[0:1]（按照 3.1.3 节的设备连接方式，电位器与转速计分别连接到数据采集板的模拟输入通道#0 和#1）。

（2）添加"Gain""Scope"模块，连接"HIL Read Analog Timebase""Gain""Scope"模块。

（3）将"Gain"模块标记为 Tachometer Calibration（krpm/ V），将"Scope"模块标记为 w_l（krpm）。负载轴转速用 ω_l 表示，此示波器将以 krpm 为单位显示负载轴的转速。

（4）将信号发生器的频率设置为 1.0 Hz，"Slider Gain"模块设置为 1。

（5）打开"Vm"和"w_l"示波器。

（6）保存 Simulink 模型。

（7）接通功率放大器与数据采集板的电源。

（8）编译、连接并运行 QUARC 控制器。当 SRV02 负载齿轮来回旋转时，由于"Tachometer Calibration"增益模块尚未配置，此时 w_l 示波器显示的是转速计输出电压，该电压与负载轴转速成正比。

（9）转速计的反电动势常数为 1.5 mV/rpm。由于转速计测量的是电机的转速，为了获得负载轴的转速，需要将转速计的电压-转速系数除以齿轮比。当使用高传动比配置的 SRV02 时，"Tachometer Calibration"模块增益为 1/1.5/70。

■注意：由于测量值非常小，因此可以通过单击示波器的 Autoscale 图标自动调整纵坐标尺度，也可以手动设置示波器 y 轴的范围。如果转速单位采用 rpm 而不是 krpm，"Tachometer Calibration"模块增益则为 1000/1.5/70。

（10）观察输入电压和负载轴转速之间的关系。可以发现，当输入电压为正时，转速计测量值为负，即负载齿轮顺时针旋转（这与我们对电机模型的约定不符）。为此，采用与电位器测量实验类似的方法，在"Tachometer Calibration"模块增益前加一个负号。重复上述实验，可以得到如图 A.10 所示的转速测量结果。

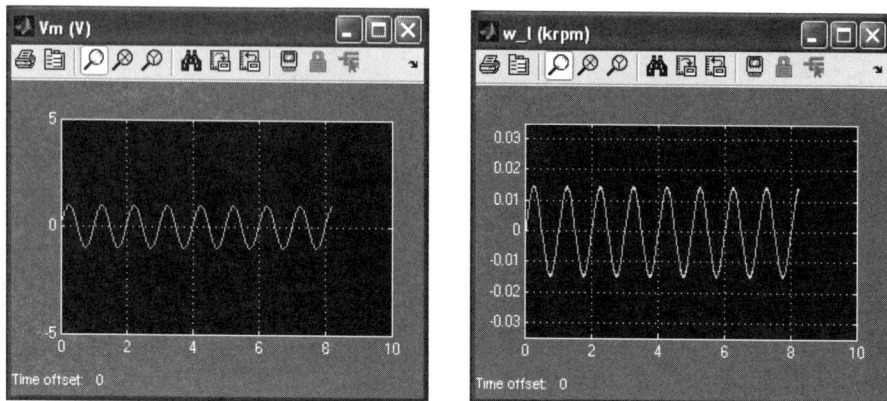

（a）正弦输入电压　　　　　　（b）转速计测量的负载轴速度响应

图 A.10　正弦电压作用下的负载轴转速响应

（11）结束 QUARC 控制器的运行。

（12）如果不再进行其他实验，关闭功率放大器与数据采集板电源。

A.4　使用编码器测量位置

使用编码器测量负载轴角位置的 Simulink 模型如图 A.11 所示，该模型以图 A.9 所示 Simulink 模型为基础。

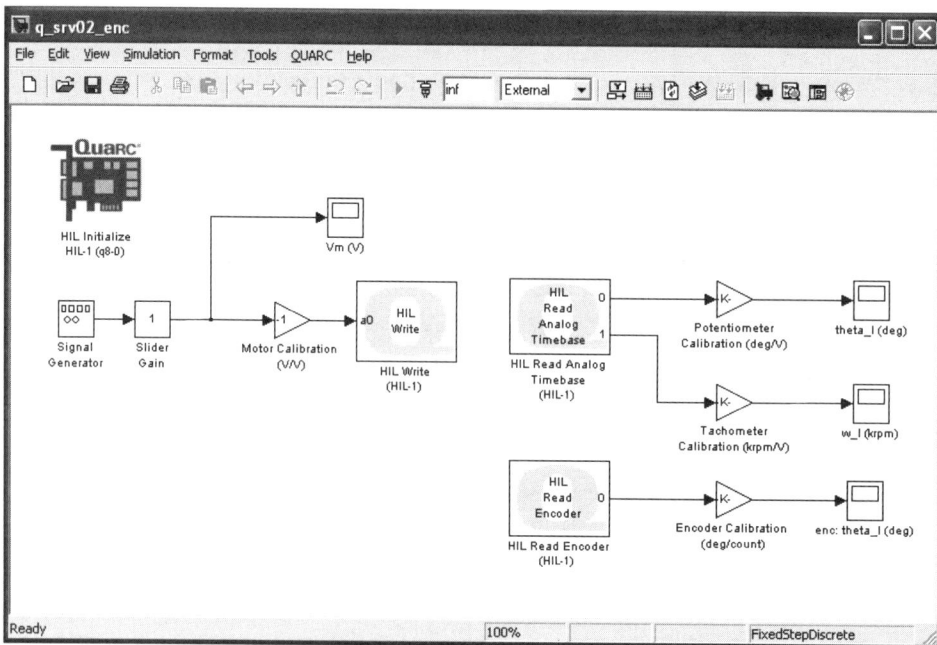

图 A.11　使用编码器测量负载轴角位置的 Simulink 模型

实验步骤：

（1）打开图 A.9 所示的 Simulink 模型，添加"HIL Read Encoder"模块。该模块在 Library Browser 的 QUARC Targets | Data Acquisition | Generic | Immediate I/O 类中。双击打开该模块属性窗口，将 channels 栏设置为通道#0（按照 3.1.3 节的设备连接方式，编码器连接数据采集板的编码器输入通道#0。该通道号可以改变，但必须保持一致）。

（2）添加"Gain""Display"模块，连接"HIL Read Encoder""Gain""Scope"模块。

（3）将"Gain"模块标记为 Encoder Calibration（deg/count），将"Scope"模块标记为 enc: theta_l（deg）。此时示波器将以度为单位显示负载轴角位置。

（4）将信号发生器的频率设置为 1.0 Hz，"Slider Gain"模块设置为 1。

（5）打开"Vm"和"enc: theta_l"示波器。

（6）保存 Simulink 模型。

（7）接通功率放大器与数据采集板的电源。

（8）编译、连接并运行 QUARC 控制器。当 SRV02 负载齿轮来回转动时，由于"Encoder Calibration"增益模块尚未配置，此时 enc: theta_l 示波器显示的是编码器输出的脉冲计数值，该数值与负载轴角位置成正比。

　■ **注意：** 由于测量值比较大，因此可以通过单击示波器的 Autoscale 图标自动调整纵坐标尺度，也可以手动设置示波器 y 轴的范围。

（9）由于编码器直接安装在负载齿轮轴上，当负载齿轮转动 1 周时，编码器输出的计数值为 4096。为了测量负载轴角位置，将"Encoder Calibration"模块的增益设置为 360/4096。

（10）重复上述实验，得到如图 A.12 所示负载轴角位置测量结果。可以发现，当输入电压为正时，编码器测量值增加，即负载齿轮逆时针旋转，这与我们对电机模型的约定相符。

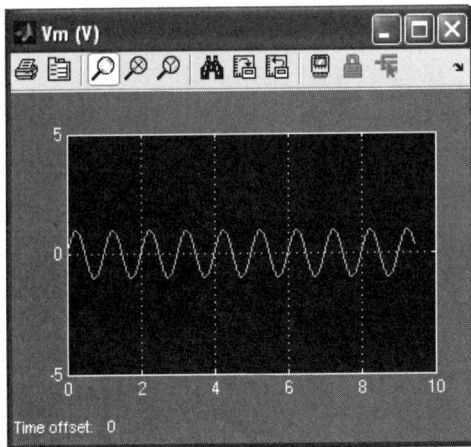

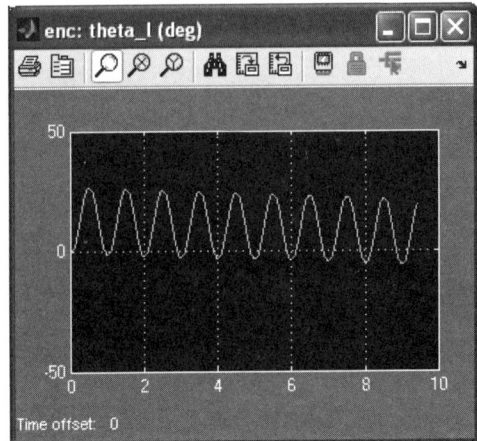

（a）正弦输入电压　　　　　　　　　　　（b）编码器测量的负载轴角位置响应

图 A.12　正弦电压作用下的负载轴角位置响应

（11）结束 QUARC 控制器的运行。

（12）如果不再进行其他实验，则关闭功率放大器与数据采集板电源。

A.5 数据保存与曲线绘制

通过对 Simulink 模型中的示波器进行设置，可以将测量数据保存到 Matlab 工作区。下面，以 A.2 节图 A.7 所示 Simulink 模型中的负载轴角位置示波器 theta_1 为例，介绍位置响应数据的保存方法及其 Matlab 曲线的绘制方法。

实验步骤：

（1）在图 A.7 中，双击打开"theta_1"示波器，单击 View | Configuration Properties | Logging，出现如图 A.13 所示界面。

- 选择 Log data to workspace 复选框。
- Variable name：希望保存的变量名，如 theta_1。
- Save format：选择 Array。

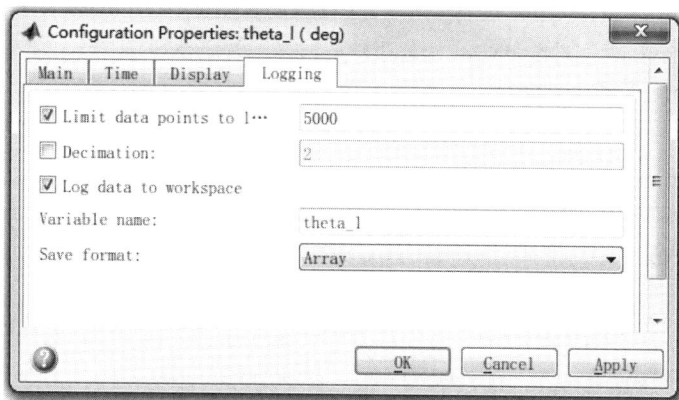

图 A.13　保存数据的示波器参数设置

说明： 默认情况下，只有最后 5000 个数据点被保存到变量中。因此，假设该控制器的工作频率为 500Hz，则"theta_1"示波器显示的最后 10 s 的数据将被捕捉到。

（2）保存 Simulink 模型。

（3）编译、连接并运行 QUARC 控制器。

■注意： 由于修改了 Simulink 模型，所以代码需要重新编译。每次重新编译前，需用通过 QUARC | Clean all 删除之前生成的编译与执行文件。

（4）程序运行数秒钟后，结束 QUARC 控制器的运行。

（5）运行停止后，变量 theta_1 被保存到 Matlab 工作区。该变量是一个二维向量组，向量元素为 5000。其中：第 1 维向量保存的是时间，第 2 维向量保存的是负载轴角位置。可以使用如下脚本语句绘制变量的 Matlab 曲线：

```
t = theta_1(:,1);
th_1 = theta_1(:,2);
plot(t,th_1,'r-');
```

（6）然后，可以添加诸如 xlabel、ylabel、title 等 Matlab 命令，对曲线的坐标轴及曲线进行描述。

说明： 如果控制器运行时间不足 10 s，则产生 t_f/T_s 组数据，其中 t_f 是控制器运行时间，T_s

是采样间隔。举例来说，如果 QUARC 控制器运行了 4 s，则产生 4/0.002 = 2000 组数据。

（7）运行脚本，将生成如图 A.14 所示的 Matlab 曲线。可以使用 Matlab 的 ginput 命令直接获取 Matlab 曲线上点的值。

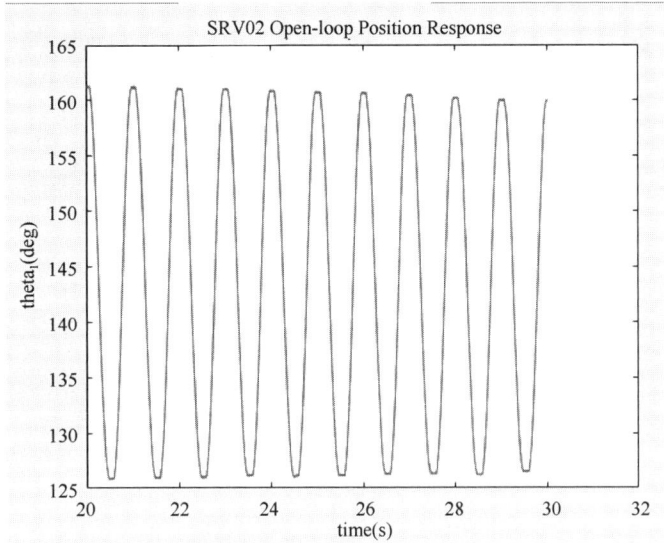

图 A.14　绘制的 Matlab 曲线

如果要对数据进行离线分析，有多种方式可以将数据保存下来，例如可以将数据保存到 Matlab 的 MAT 文件中。